COURS ÉLÉMENTAIRE

DE

PALÉONTOLOGIE

ET

DE GÉOLOGIE STRATIGRAPHIQUES.

CORBEIL, TYPOGR. ET STÉR. DE CRÉTÉ.

COURS ÉLÉMENTAIRE

DE

PALÉONTOLOGIE

ET

DE GÉOLOGIE STRATIGRAPHIQUES

PAR

M. ALCIDE D'ORBIGNY

DOCTEUR ÈS SCIENCES, PROFESSEUR SUPPLÉANT DE GÉOLOGIE A LA FACULTÉ DES SCIENCES DE PARIS.

TABLEAUX.

VICTOR MASSON

PLACE DE L'ÉCOLE-DE-MÉDECINE, 17, A PARIS.

MDCCCLII

RÉPA

DES GENRES ET DES ESPÈCES DE MAM

DEPUIS LE COMMENCEMENT DE L

TERRAINS.	ÉTAGES.
CONTEMPORAIN ou ÉPOQUE ACTUELLE	
TERTIAIRES	27. Subapennin
	26. Falunien
	25. Parisien
	24. Suessonien
CRÉTACÉS	23. Danien
	22. Sénonien
	21. Turonien
	20. Cénomanien
	19. Albien
	18. Aptien
	17. Néocomien
JURASSIQUES	16. Portlandien
	15. Kimméridgien
	14. Corallien
	13. Oxfordien
	12. Callovien
	11. Bathonien
	10. Bajocien
	9. Toarcien
	8. Liasien
	7. Sinémurien
TRIASIQUES	6. Saliférien
	5. Conchylien
PALÉOZOÏQUES	4. Permien
	3. Carboniférien
	2. Dévonien
	1. Silurien. Supér. ou Murchisonien / Inférieur ou Silurien.

LÉGENDE

SIGNES

REPRÉSENTANT LES TERMES DE COMPARAISON.

- Maximum.
- Voisin du Maximum.
- Voisin du Minimum.
- Minimum.
- Première apparition.
- Dernière apparition.

NOMS DES GENRES.

Phascolotherium, Thylacotherium, Anthracotherium, Lophiodon, Lutra, Canis, Viverra, Sciurus, Macacus, Vespertilio, Myoxus, Delphinus, Didelphis, Chœropotamus, Hyotherium, Palæotherium, Anoplotherium, Ziphius, Taxotherium, Trogontherium, Hyracotherium, Xiphodon, Adapis, Zeuglodon, Balænodon, Pithecus, Agnotherium, Amphicyon, Amphiarctos, Pterodon, Machairodus, Amyxodon, Hyænodon, Oxygomphius, Dimylus, Megamys, Archæomys, Steneofiber, Palæomys, Chalicomys, Chelodus, Macrotherium, Dinotherium, Chœrotherium, Macrauchenia, Chalicotherium, Hippotherium, Civatherium, Toxodon

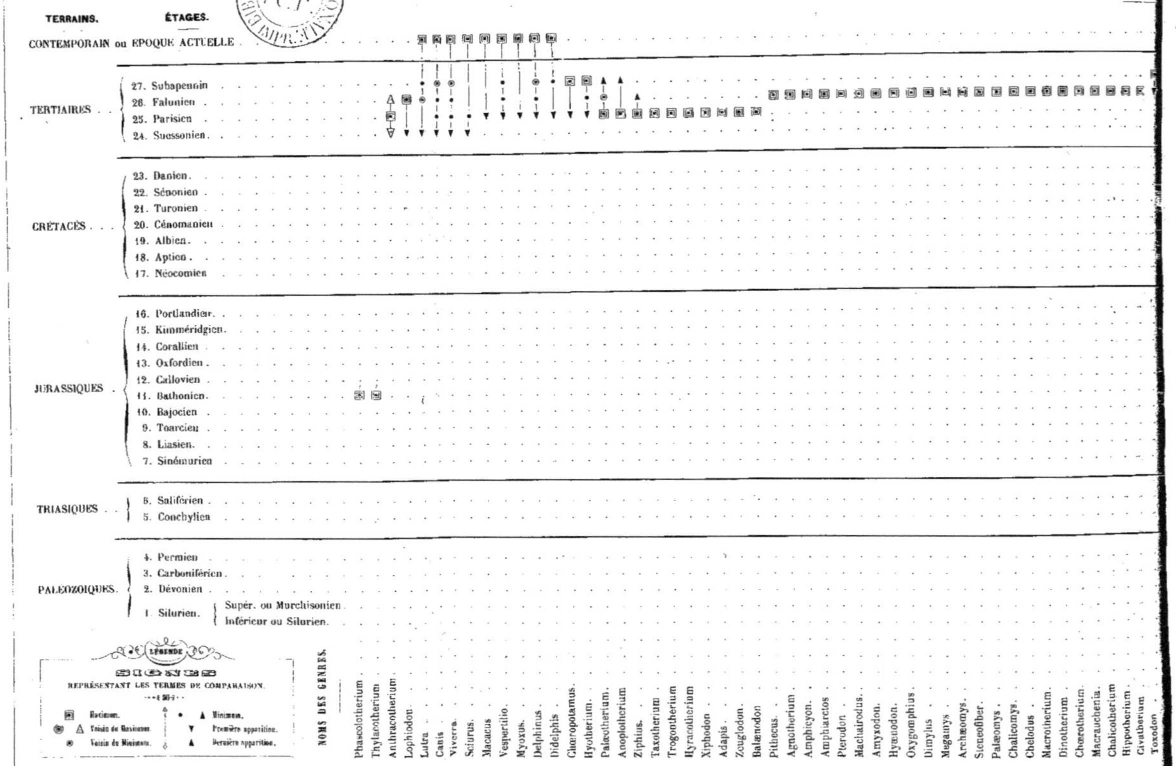

…MIFÈRES A LA SURFACE DU GLOBE TERRESTRE

…ANISATION JUSQU'A L'ÉPOQUE ACTUELLE.

Metaxytherium
Mastodon
Oplotherium
Thernnopithecus
Ursus
Felis
Mustela
Trichechus
Phoca
Erinaceus
Arctomys
Mus
Balæna
Castor
Sus
Rhinoceros
Tapirus
Stermophylus
Cervus
Antilope
Halicore
Manatus
Physeter
Protopithecus
Speothos
Similodon
Icticyon
Palæospalax
Spalacodon
Lonchophorus
Theridomys
Glossotherium
Glyptodon
Chlamydotherium
Hoplophorus
Pachytherium
Euryodon
Xenurus
Megatherium
Megalonyx
Mylodon
Scelidotherium
Platyonyx
Cœlodon
Potamohippus
Elasmotherium
Mericotherium
Dremotherium
Elephas
Hippopotamus
Camelus
Camelopardalis
Cebus
Callithrix
Jachus
Centenes
Dasyprocta
Echimys
Orycteropus
Myrmecophaga
Dasypus
Equus
Auchenia
Bos
Balænoptera
Homo

Résumé du développement de formes dans les étages et les terrains ....

Tableau 1, page 187

D'Orbigny, Cours élém. de Paléont. et de Géol.

RÉPART[illegible]

DES GENRES ET DES ESPÈCES D'OISEU[illegible]

DEPUIS LE COMMENCEMENT DE L'ANIMALISA[illegible]

TERRAINS.	ÉTAGES.
CONTEMPORAINS ou ÉPOQUE ACTUELLE	
TERTIAIRES	27. Subapennin
	26. Falunien
	25. Parisien
	24. Suessonien
CRÉTACÉS	23. Danien
	22. Sénonien
	21. Turonien
	20. Cénomanien
	19. Albien
	18. Aptien
	17. Néocomien
JURASSIQUES	16. Portlandien
	15. Kimméridgien
	14. Corallien
	13. Oxfordien
	12. Callovien
	11. Bathonien
	10. Bajocien
	9. Toarcien
	8. Liasien
	7. Sinémurien
TRIASIQUES	6. Saliférien
	5. Conchylien
PALÉOZOIQUES	4. Permien
	3. Carboniférien
	2. Dévonien
	1. Silurien. Supér. ou Murchisonien
	1. Silurien. Inférieur ou Silurien

LÉGENDE

SIGNES

REPRÉSENTANT LES TERMES DE COMPARAISON.

- Maximum.
- Voisin du Maximum.
- Voisin du Minimum.
- Minimum.
- Première apparition.
- Dernière apparition.

NOMS DES GENRES.

Empreintes physiologiq. — Palæornis — Cimoliornis — Scolopax — Protornis — Haliætus — Buteo — Strix — Perdix — Tantalus — Numenius — Fulica — Carbo — Lithornis — [illegible]

…TITION

…UX A LA SURFACE DU GLOBE TERRESTRE

…LISATION JUSQU'A L'ÉPOQUE ACTUELLE.

Tableau 2, page 199.

Fringilla	Corvus	Ciconia	Dinornis	Catarthes	Vultur	Aquila	Motacilla	Anabates	Alauda	Hirundo	Caprimulgus	Coccyzus	Picus	Psittacus	Phasianus	Gallus	Numida	Crypturus	Rhea	Phœnicopterus	Otis	Rallus	Crex	Anser	Mergus	Anas	Larus	Colymbus	**Résumé** du développement de formes dans les étages et les terrains	
⊡	⊡	⊡		⊡	⊡	⊡	⊡	⊡	⊡	⊡	⊡	⊡	⊡	⊡	⊡	⊡	⊡	⊡	⊡	⊡	⊡	⊡	⊡	⊡	⊡	⊡	⊡	⊡	⊡	⊡
●			⊡	▼	▼	▼	▼	▼	▼	▼	▼	▼	▼	▼	▼	▼	▼	▼	▼	▼	▼	▼	▼	▼	▼	▼	▼	▼	⊙	
▼	▼	▼																											●	⊙
																													●	
																													»	
																													»	
																													●	
																													»	
																													»	●
																													»	
																													»	
																													●	
																													»	
																													»	
																													»	
																													»	
																													»	
																													»	»
																													»	
																													»	
																													»	
																													»	
																													»	?
																													●	●
																													»	
																													»	
																													»	»
																													»	
																													»	

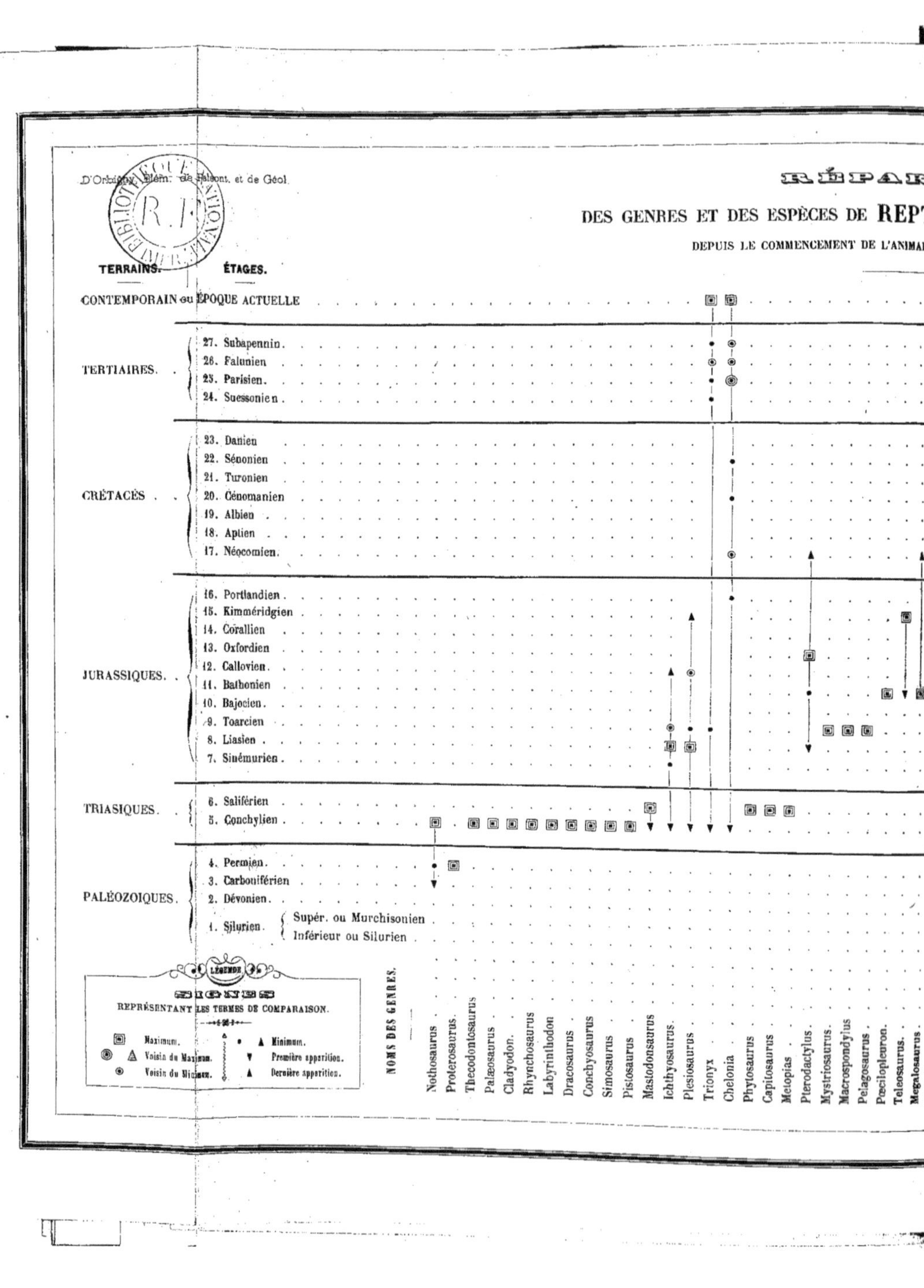

D'Orbigny, Élém. de Paléont. et de Géol.
RÉPART[...]
DES GENRES ET DES ESPÈCES DE REPTI[...]
DEPUIS LE COMMENCEMENT DE L'ANIMALISA[...]
TERRAINS.
ÉTAGES.
CONTEMPORAIN ou ÉPOQUE ACTUELLE
TERTIAIRES.
27. Subapennin.
26. Falunien
25. Parisien.
24. Suessonien.
CRÉTACÉS
23. Danien
22. Sénonien
21. Turonien
20. Cénomanien
19. Albien
18. Aptien
17. Néocomien.
JURASSIQUES.
16. Portlandien.
15. Kimméridgien
14. Corallien
13. Oxfordien
12. Callovien.
11. Bathonien
10. Bajocien.
9. Toarcien
8. Liasien.
7. Sinémurien.
TRIASIQUES.
6. Saliférien
5. Conchylien
PALÉOZOIQUES.
4. Permien.
3. Carbonifèrien
2. Dévonien.
1. Silurien.
Supér. ou Murchisonien
Inférieur ou Silurien
LÉGENDE
SIGNES
REPRÉSENTANT LES TERMES DE COMPARAISON.
Maximum.
Voisin du Maximum.
Voisin du Minimum.
Minimum.
Première apparition.
Dernière apparition.
NOMS DES GENRES.
Nothosaurus
Proterosaurus.
Thecodontosaurus
Palæosaurus
Cladyodon.
Rhynchosaurus
Labyrinthodon
Dracosaurus
Conchyosaurus
Simosaurus
Pistosaurus
Mastodonsaurus
Ichthyosaurus.
Plesiosaurus
Trionyx
Chelonia
Phytosaurus
Capitosaurus
Metopias
Pterodactylus
Mystriosaurus
Macrospondylus
Pelagosaurus
Pœcilopleuron.
Teleosaurus.
Megalosaurus
Testudo

Tableau Nº 3. page 215.

…TION

… LA SURFACE DU GLOBE TERRESTRE

…U'A L'ÉPOQUE ACTUELLE.

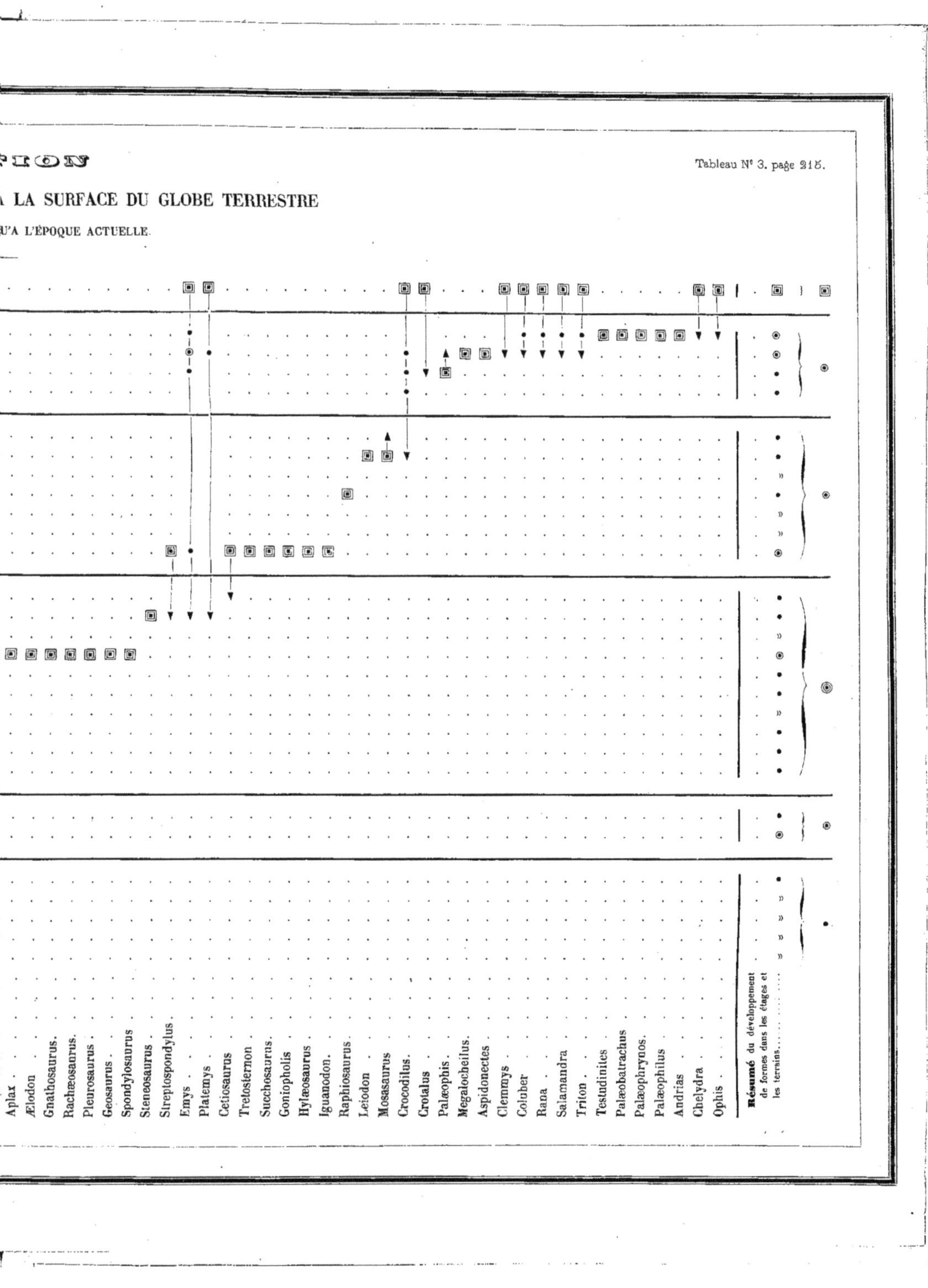

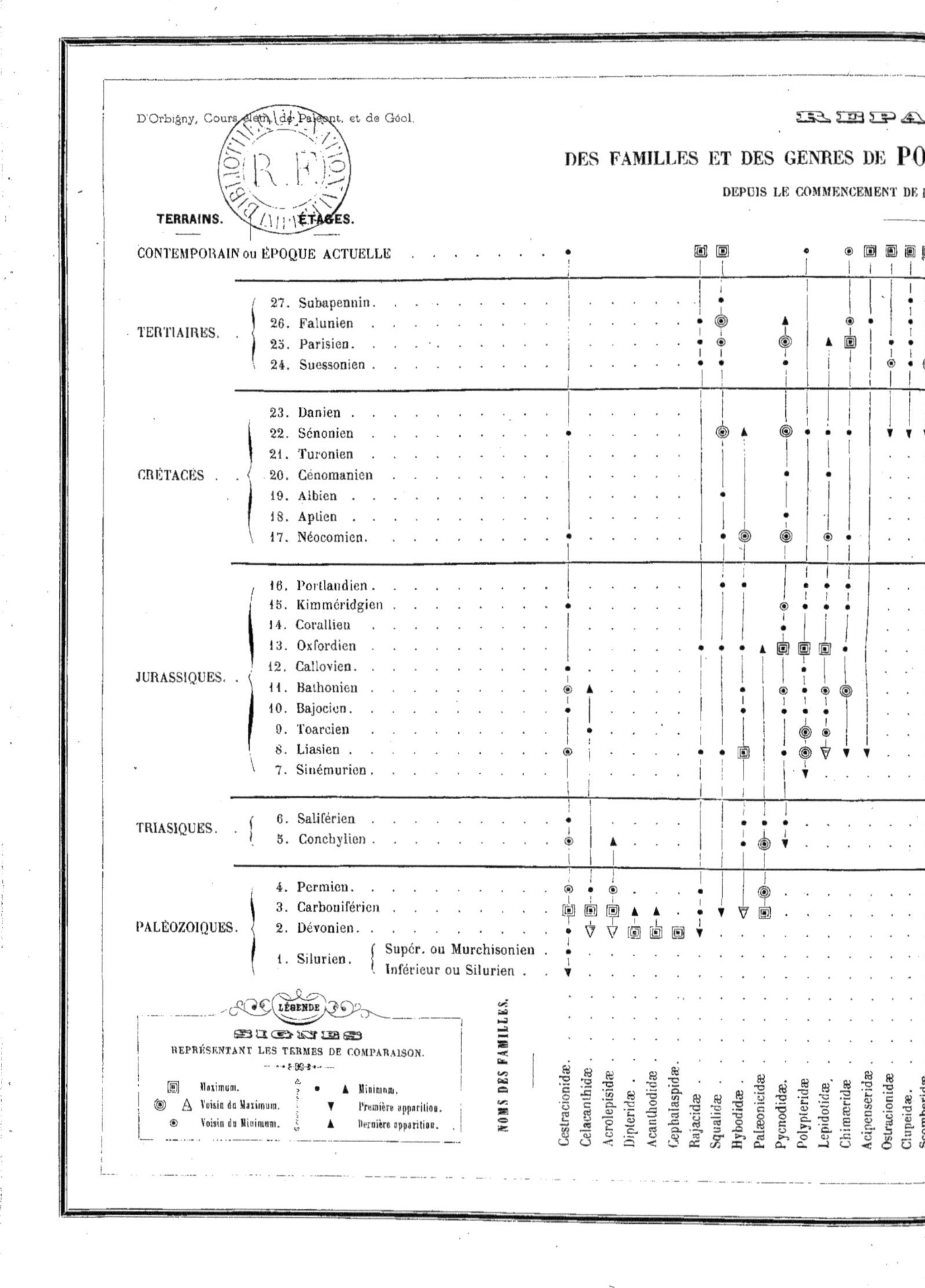
D'Orbigny, Cours élém. de Paléont. et de Géol.
RÉPA
DES FAMILLES ET DES GENRES DE POI
DEPUIS LE COMMENCEMENT DE L'A
TERRAINS.
ÉTAGES.
CONTEMPORAIN ou ÉPOQUE ACTUELLE
TERTIAIRES.
27. Subapennin.
26. Falunien
25. Parisien.
24. Suessonien.
CRÉTACÉS
23. Danien
22. Sénonien
21. Turonien
20. Cénomanien
19. Albien
18. Aptien
17. Néocomien.
JURASSIQUES.
16. Portlandien.
15. Kimméridgien
14. Corallien
13. Oxfordien
12. Callovien.
11. Bathonien
10. Bajocien.
9. Toarcien
8. Liasien
7. Sinémurien.
TRIASIQUES.
6. Saliférien
5. Conchylien
PALÉOZOIQUES.
4. Permien.
3. Carboniférien
2. Dévonien.
1. Silurien.
Supér. ou Murchisonien
Inférieur ou Silurien
LÉGENDE
SIGNES
REPRÉSENTANT LES TERMES DE COMPARAISON.
Maximum.
Voisin du Maximum.
Voisin du Minimum.
Minimum.
Première apparition.
Dernière apparition.
NOMS DES FAMILLES.
Cestracionidæ.
Celacanthidæ.
Acrolepisidæ.
Dipteridæ.
Acanthodidæ.
Cephalaspidæ.
Rajacidæ.
Squalidæ.
Hybodidæ.
Palæonicidæ.
Pycnodidæ.
Polypteridæ.
Lepidotidæ.
Chimæridæ.
Acipenseridæ.
Ostracionidæ.
Clupeidæ.
Scomberidæ

…TITION

…ONS A LA SURFACE DU GLOBE TERRESTRE

…ALISATION JUSQU'A L'ÉPOQUE ACTUELLE.

Sphyrænidæ. Xiphidæ. Esocidæ. Fistularidæ. Syngnathidæ. Diodontidæ. Anguillidæ. Labridæ. Lophydæ. Blennidæ. Plataxidæ. Nasei̇dæ. Gobidæ. Cottidæ. Scienidæ. Mugilidæ. Sparidæ. Pleuronectidæ. Pristidæ. Cyprinidæ. Lebiasidæ.

Résumé du développement de formes dans les étages et les terrains.

RÉCAPITULATION Par ordres, du nombre des genres de Poissons connus à l'état fossile dans les étages géologiques.

Placoïdes	Ganoïdes	Cycloïdes	Cténoïdes	Pleuronectoïdes	**Totaux** par étages	**Totaux** par terrains
15	3	29	31	1	79	150
1	»	13	2	»	16	141
16	2	6	4	»	28	
15	7	10	7	»	39	
5	9	36	39	1	79	
»	»	»	»	»	»	46
16	9	12	4	»	41	
»	»	»	»	»	»	
1	2	»	»	»	3	
1	»	»	»	»	1	
»	3	»	»	»	3	
6	8	»	»	»	14	
4	2	»	»	»	6	56
2	5	»	»	»	7	
»	1	»	»	»	1	
6	22	»	»	»	28	
1	1	»	»	»	2	
10	11	»	»	»	21	
2	3	»	»	»	5	
»	11	»	»	»	11	
12	17	»	»	»	29	
»	1	»	»	»	1	
3	3	»	»	»	6	15
6	7	»	»	»	13	
6	6	»	»	»	12	67
27	19	»	»	»	46	
3	22	»	»	»	25	
2	»	»	»	»	2	
1	»	»	»	»	1	

RÉPA[...]

DES GENRES ET DES ESPÈCES DE CÉPHALOPODES EN[...]

DEPUIS LE COMMENCEMENT DE L'ANIMALI[...]

TERRAINS.	ÉTAGES.
CONTEMPORAIN ou ÉPOQUE ACTUELLE	
TERTIAIRES.	27. Subapennin
	26. Falunien
	25. Parisien
	24. Suessonien
CRÉTACÉS	23. Danien
	22. Sénonien
	21. Turonien
	20. Cénomanien
	19. Albien
	18. Aptien
	17. Néocomien
JURASSIQUES.	16. Portlandien
	15. Kimméridgien
	14. Corallien
	13. Oxfordien
	12. Callovien
	11. Bathonien
	10. Bajocien
	9. Toarcien
	8. Liasien
	7. Sinémurien
TRIASIQUES.	6. Saliférien
	5. Conchylien
PALÉOZOIQUES.	4. Permien
	3. Carboniférien
	2. Dévonien
	1. Silurien. Supér. ou Murchisonien
	1. Silurien. Inférieur ou Silurien

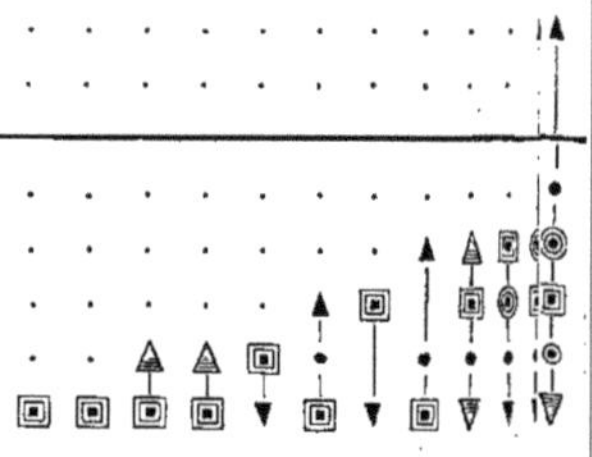

NOMS DES GENRES.

Cameroceras. Gonioceras. Lituites. Oncoceras. Hortolus. Andoceras. Trocholites. Actinoceras. Cyrtoceras. Gomphoceras. Orthoceratites. Campulites.

LÉGENDE

SIGNES

REPRÉSENTANT LES TERMES DE COMPARAISON.

Maximum.	Minimum.
Voisin du Maximum.	Première apparition.
Voisin du Minimum.	Dernière apparition.

…TITION

Tableau N° 5, page 281.

…ENTACULIFÈRES A LA SURFACE DU GLOBE TERRESTRE

…TION JUSQU'A L'ÉPOQUE ACTUELLE.

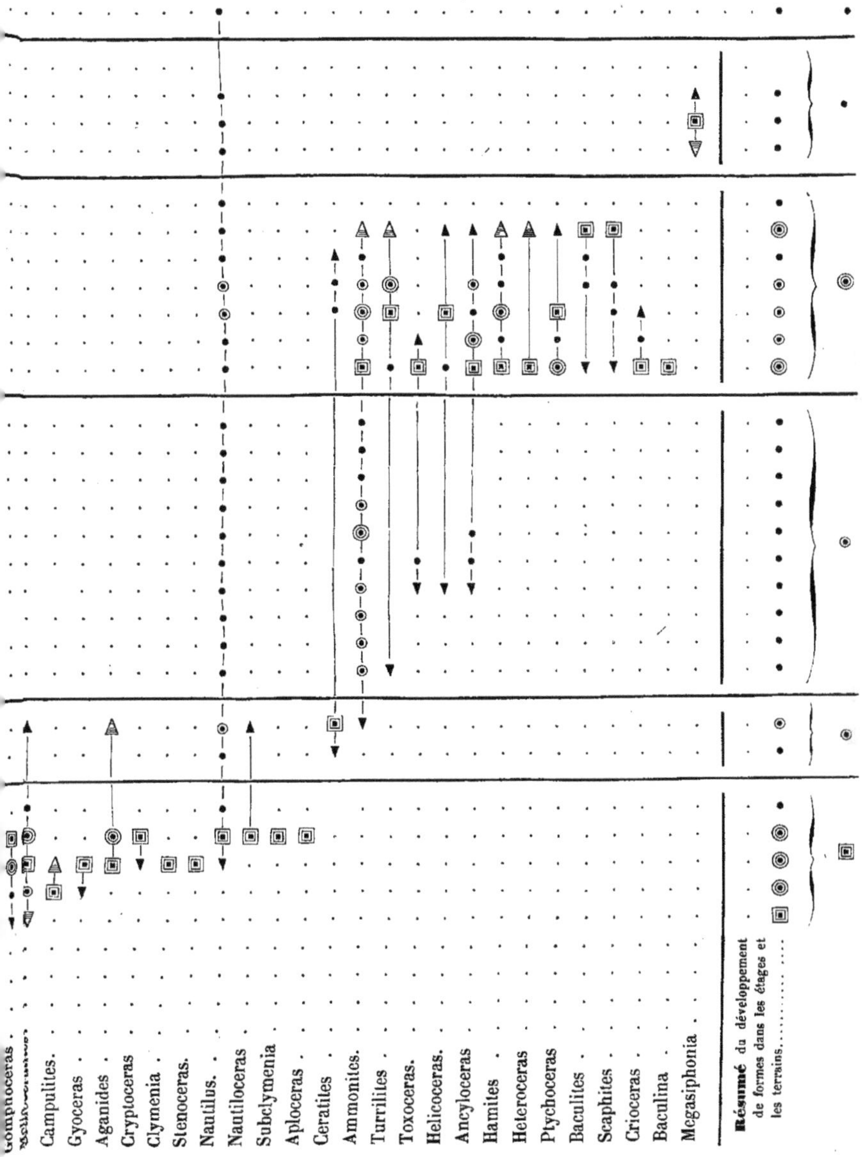

Gomphoceras.
[illegible]
Campulites.
Gyoceras.
Aganides.
Cryptoceras.
Clymenia.
Stenoceras.
Nautilus.
Nautiloceras.
Subclymenia.
Aploceras.
Ceratites.
Ammonites.
Turrilites.
Toxoceras.
Helicoceras.
Ancyloceras.
Hamites.
Heteroceras.
Ptychoceras.
Baculites.
Scaphites.
Crioceras.
Baculina.
Megasiphonia.

Résumé du développement de formes dans les étages et les terrains.

D'Orbigny, Cours élém. de Paléont. et de Géol.

RÉPA

DES GENRES ET DES ESPÈCES DE CÉPHALOPODES ACÉTABULIFÈRES, DE GASTÉROPODES TER

DEPUIS LE COMMENCEMENT DE L'A

TERRAINS. — ÉTAGES.

CÉPHALOPODES ACÉTABULIFÈRES.

CONTEMPORAIN ou ÉPOQUE ACTUELLE.

TERTIAIRES.
- 27. Subapennin.
- 26. Falunien.
- 25. Parisien.
- 24. Suessonien.

CRÉTACÉS.
- 23. Danien.
- 22. Sénonien.
- 21. Turonien.
- 20. Cénomanien.
- 19. Albien.
- 18. Aptien.
- 17. Néocomien.

JURASSIQUES.
- 16. Portlandien.
- 15. Kimméridgien.
- 14. Corallien.
- 13. Oxfordien.
- 12. Callovien.
- 11. Bathonien.
- 10. Bajocien.
- 9. Toarcien.
- 8. Liasien.
- 7. Sinémurien.

TRIASIQUES.
- 6. Saliférien.
- 5. Conchylien.

PALÉOZOIQUES.
- 4. Permien.
- 3. Carboniférien.
- 2. Devonien.
- 1. Silurien. { Supér. ou Murchisonien. Inférieur ou Silurien.

LÉGENDE

SIGNES

REPRÉSENTANT LES TERMES DE COMPARAISON.

▣	Maximum.	• ▲	Minimum.
◎ ▲	Voisin du Maximum.	▼	Première apparition.
⊙	Voisin du Minimum.	▲	Dernière apparition.

NOMS DES GENRES.

Conchorhynchus. Belemnites. Loligo. Teudopsis. Beloteuthis. Belemnosepia. Palæoteuthis. Rhynchoteuthis. Sepia. Enoploteuthis. Ommastrephes. Leptoteuthis. Acanthoteuthis. Conoteuthis. Belemnitella. Beloptera. Spirulirostra.

.TITION

Tableau N° 6.

…TRES ET FLUVIATILES, DE LAMELLIBRANCHES FLUVIATILES A LA SURFACE DU GLOBE TERRESTRE

…LISATION JUSQU'A L'ÉPOQUE ACTUELLE.

…de formes génériques dans les étages et les terrains……		Paludina	Helix	Tomoga	Bulimus	Pupa	Auricula	Physa	Lymnea	Planorbis	Cyclostoma	Paludestrina	Melania	Melanopsis	Ancylus	Chilina	Ferussina	Clausilia	**Résumé** du développement de formes génériques dans les étages et les terrains….		Cyclas	Unio	Anodonta	Dreissena	Gnathodon	**Résumé** du développement de formes génériques dans les étages et les terrains….	
▣	▣	▣	▣	◎	▣	▣	▣	▣	▣	▣	▣	▣	▣	▣	▣	▣		▣	▣	▣	▣	▣	▣	▣	▣	▣	▣
•	•		•			•	•		⊙	•	•	•			•		.	▼	◎	▣	•				▼	•	⊙
•		•	•		•		•		◎	•	•	•	•	⊙	•	▼	▣	.	◎		•	•	•	◎	.	⊙	
•		⊙	•		•				◎	•	•	⊙	•	•	•	.	.	.	◎		•	•		•	.	•	
•		⊙	▼	▣	▼	▼	▼	▼	▼	▼	▼	▼	▼	▼	▼	.	.	.	◎		⊙	•	▼	▼	.	⊙	
•	•		.	.	.	.	.	.	.	.	.	.	.	.	.	.	.	.	»	•			.	.	.	»	•
•			.	.	.	.	.	.	.	.	.	.	.	.	.	.	.	.	»				.	.	.	»	
»			.	.	.	.	.	.	.	.	.	.	.	.	.	.	.	.	»				.	.	.	»	
•			.	.	.	.	.	.	.	.	.	.	.	.	.	.	.	.	»				.	.	.	»	
•			.	.	.	.	.	.	.	.	.	.	.	.	.	.	.	.	»				.	.	.	»	
•			.	.	.	.	.	.	.	.	.	.	.	.	.	.	.	.	»				.	.	.	»	
•		▼	.	.	.	.	.	.	.	.	.	.	.	.	.	.	.	.	•		•	▼	.	.	.	•	
•	◎	.	.	.	.	.	.	.	.	.	.	.	.	.	.	.	.	.	»	»	▼	.	.	.	.	•	•
•		.	.	.	.	.	.	.	.	.	.	.	.	.	.	.	.	.	»		.	.	.	.	.	»	
•		.	.	.	.	.	.	.	.	.	.	.	.	.	.	.	.	.	»		.	.	.	.	.	»	
⊙		.	.	.	.	.	.	.	.	.	.	.	.	.	.	.	.	.	»		.	.	.	.	.	»	
⊙		.	.	.	.	.	.	.	.	.	.	.	.	.	.	.	.	.	»		.	.	.	.	.	»	
•		.	.	.	.	.	.	.	.	.	.	.	.	.	.	.	.	.	»		.	.	.	.	.	»	
•		.	.	.	.	.	.	.	.	.	.	.	.	.	.	.	.	.	»		.	.	.	.	.	»	
⊙		.	.	.	.	.	.	.	.	.	.	.	.	.	.	.	.	.	»		.	.	.	.	.	»	
•		.	.	.	.	.	.	.	.	.	.	.	.	.	.	.	.	.	»		.	.	.	.	.	»	
•		.	.	.	.	.	.	.	.	.	.	.	.	.	.	.	.	.	»		.	.	.	.	.	»	
•	•	.	.	.	.	.	.	.	.	.	.	.	.	.	.	.	.	.	»	»	.	.	.	.	.	»	»
•		.	.	.	.	.	.	.	.	.	.	.	.	.	.	.	.	.	»		.	.	.	.	.	»	
»	»	.	.	.	.	.	.	.	.	.	.	.	.	.	.	.	.	.	»	»	.	.	.	.	.	»	»
»		.	.	.	.	.	.	.	.	.	.	.	.	.	.	.	.	.	»		.	.	.	.	.	»	
»		.	.	.	.	.	.	.	.	.	.	.	.	.	.	.	.	.	»		.	.	.	.	.	»	
»		.	.	.	.	.	.	.	.	.	.	.	.	.	.	.	.	.	»		.	.	.	.	.	»	
»		.	.	.	.	.	.	.	.	.	.	.	.	.	.	.	.	.	»		.	.	.	.	.	»	

D'Orbigny, Cours élém. de Paléont. et de Géol.

RÉPAR

DES GENRES ET DES ESPÈCES DE GASTÉROPODES

DEPUIS LE COMMENCEMENT DE

TERRAINS.	ÉTAGES.
CONTEMPORAIN ou ÉPOQUE ACTUELLE.	
TERTIAIRES	27. Subapennin.
	26. Falunien
	25. Parisien.
	24. Suessonien
CRÉTACÉS	23. Danien
	22. Sénonien
	21. Turonien
	20. Cénomanien
	19. Albien
	18. Aptien
	17. Néocomien.
JURASSIQUES.	16. Portlandien.
	15. Kimméridgien
	14. Corallien
	13. Oxfordien
	12. Callovien.
	11. Bathonien
	10. Bajocien.
	9. Toarcien
	8. Liasien
	7. Sinémurien.
TRIASIQUES	6. Saliférien.
	5. Conchylien
PALÉOZOÏQUES.	4. Permien
	3. Carboniférien.
	2. Devonien
	1. Silurien. Supér. ou Murchisonien.
	1. Silurien. Inférieur ou Silurien.

LÉGENDE

SIGNES

REPRÉSENTANT LES TERMES DE COMPARAISON.

▣ Maximum.	● ▲ Minimum.
◉ △ Voisin du Maximum.	▼ Première apparition.
⊙ Voisin du Minimum.	▲ Dernière apparition.

NOMS DES GENRES.

Cirtolites. Scalites. Bellerophon. Murchisonia. Loxonema. Conularia. Straparollus. Pleurotomaria. Turbo. Stomatia. Helcion. Vaginella. Natica. Capulus. Pitonnillus. Trochus. Phasianella. Dentalium. Serpularia. Cirrus. Porcellia. Macrocheilus. Metoptoma. Polytremaria. Acteonina. Eulima. Fissurella. Chiton. Chitonella. Chemnitzia. Neritopsis. Rissoa. Delphinula. Cerithium. Emarginula. Nerita. Pterocera. Ditremaria. Purpurina. Spinigera. Nerinea. Acteon. Rissoina. Solarium. Fusus. Rimula. Bulla. Pileolus. Helicocryptus. Scalaria. Turritella. Strombus. Rostellaria. Pyrula. Varigera.

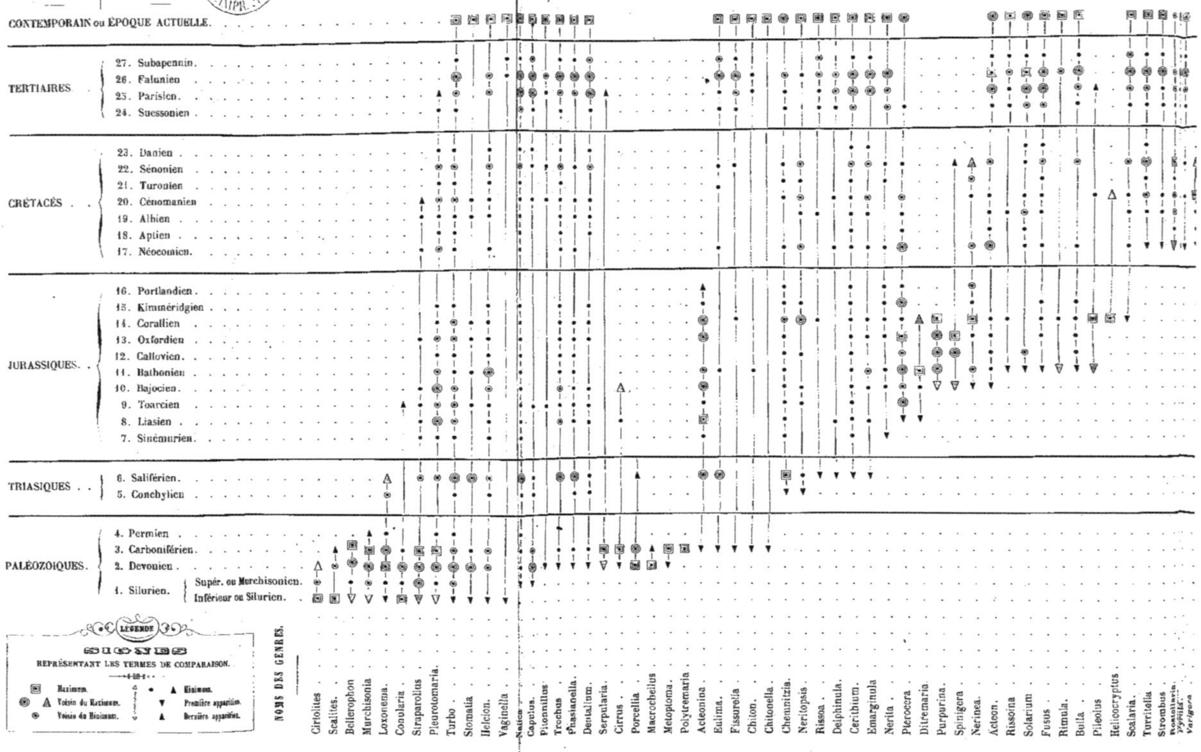

ROPES MARINS A LA SURFACE DU GLOBE TERRESTRE

NT L'ÉMALISATION JUSQU'A L'ÉPOQUE ACTUELLE.

Tableau 7.

Rostellaria.
Pyrula.
Varigera
Avellana
Colombellina
Vermetus
Buccinum
Narica
Bellerophina
Globiconcha
Pterodonta.
Voluta
Mitra[1]
Pyramidella
Ovula
Acteonella
Phorus.
Conus
Pleurotoma
Murex
Infundibulum.
Fasciolaria.
Turbonilla.
Pedipes.
Sigaretus
Siliquaria
Cypræa.
Marginella.
Ancyllaria.
Oliva
Terebellum
Cancellaria.
Triton
Buccinanops
Sulcobuccinum
Nassa
Terebra.
Cassis
Morio
Scaphander
Umbrella
Lobaria
Bifrontia
Volvaria
Niso
Ringicula
Tiphys.
Monoceros.
Harpa
Crepidula
Deshayesia.
Haliotis.
Erato
Struthiolaria
Trichotropis
Turbinella.
Ranella.
Purpura.
Sistrum.
Columbella.
Dolium.
Oniscia.
Calypeopsis.
Calyptræa
Patella
Siphonaria.
Carinaria
Hyalea
Cuvieria

Résumé du développement de formes génériques dans les étages et les terrains........

D'Orbigny, Cours élém. de Paléont. et de Géol.

RÉPARTITION

DES GENRES ET DES ESPÈCES DE MOLLUSQUES LAMELLIBRANCHES OU ACÉPHALES MARINS

DEPUIS LE COMMENCEMENT DE L'ANIMALISATION JUSQU'A L'ÉPOQUE ACTUELLE

AGES GÉOLOGIQUES.

TERRAINS.	ÉTAGES.
CONTEMPORAIN ou ÉPOQUE ACTUELLE.	
TERTIAIRES.	27. Subapennin
	26. Falunien.
	25. Parisien.
	24. Suessonien.
CRÉTACÉS.	23. Danien.
	22. Sénonien.
	21. Turonien.
	20. Cénomanien.
	19. Albien.
	18. Aptien.
	17. Néocomien.
JURASSIQUES.	16. Portlandien.
	15. Kimméridgien.
	14. Corallien.
	13. Oxfordien.
	12. Callovien.
	11. Bathonien.
	10. Bajocien.
	9. Toarcien.
	8. Liasien.
	7. Sinémurien.
TRIASIQUES.	6. Saliférien.
	5. Conchylien.
PALÉOZOIQUES.	4. Permien.
	3. Carboniférien.
	2. Devonien.
	1. Silurien. Supér. ou Murchisonien. / Inférieur ou Silurien.

NOMS DES GENRES.

Lyonsia. Periploma. Leda. Cypricardia. Nucula. Arca. Avicula. Posidonomya. Cardiomorpha. Megalodon. Orthonota. Cardinia. Cardium. Pholadomya. Anatina. Lucina. Mytilus. Pecten. Thetis. Conocardium. Edmondia. Solemya. Isocardia. Pinna. Panopœa. Ostrea. Myoconcha. Myophoria. Cyprina. Lima. Perna. Hinnites. Trigonia. Plicatula. Opis. Gervilia. Isoarca. Unicardium. Thracia. Mactra. Astarte. Inoceramus. Hippopodium. Limea. Teredo. Pholas. Corbula. Tellina. Gastrochœna. Limopsis. Corbis. Ceromya. Pinnigena. Anomya. Lavignon. Venus.

LÉGENDE.

SIGNES REPRÉSENTANT LES TERMES DE COMPARAISON.

- ▣ Maximum.
- ◎ △ Voisin du Maximum.
- ⊙ Voisin du Minimum.
- • ▲ Minimum.
- ▼ Première apparition.
- ▲ Dernière apparition.

Tableau 8.

S A LA SURFACE DU GLOBE TERRESTRE

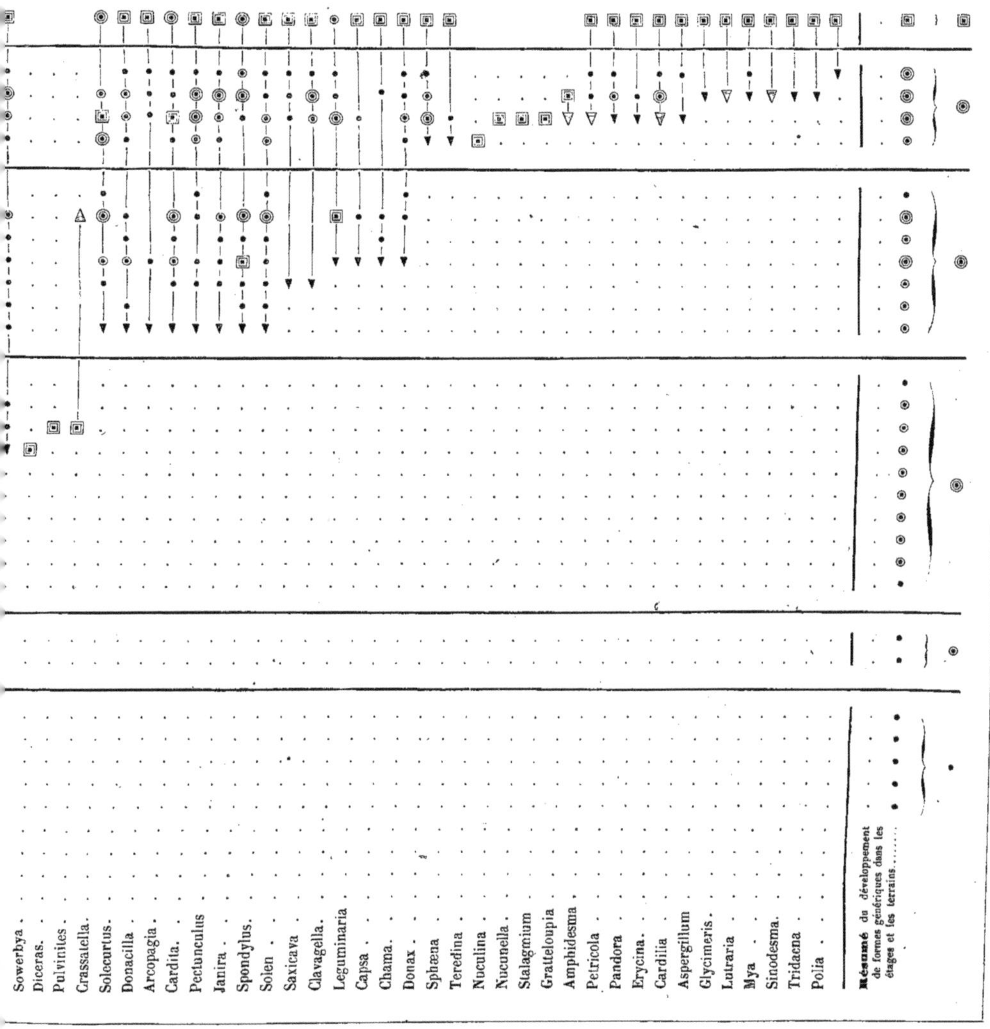

Sowerbya.
Diceras.
Pulvinites.
Crassatella.
Solecurtus.
Donacilla.
Arcopagia.
Cardita.
Pectunculus.
Janira.
Spondylus.
Solen.
Saxicava.
Clavagella.
Leguminaria.
Capsa.
Chama.
Donax.
Sphæna.
Teredina.
Nuculina.
Nucunella.
Stalagmium.
Gratteloupia.
Amphidesma.
Petricola.
Pandora.
Erycina.
Cardilia.
Aspergillum.
Glycimeris.
Lutraria.
Mya.
Sinodesma.
Tridacna.
Polia.

Résumé du développement de formes génériques dans les étages et les terrains.......

D'Orbigny, Cours élém. de Paléont. et de Géol.

RÉPA[...]

DES GENRES ET DES ESPÈCES DE MOLLUSQUE[...]

DEPUIS LE COMMENCEMENT DE [...]

TERRAINS.	ÉTAGES.
CONTEMPORAINS ou ÉPOQUE ACTUELLE . . .	
TERTIAIRES . .	27. Subapennin . . .
	26. Falunien . . .
	25. Parisien . . .
	24. Suessonien . . .
CRÉTACÉS . . .	23. Danien . . .
	22. Sénonien . . .
	21. Turonien . . .
	20. Cénomanien . . .
	19. Albien . . .
	18. Aptien . . .
	17. Néocomien . . .
JURASSIQUES .	16. Portlandien . . .
	15. Kimméridgien . . .
	14. Corallien . . .
	13. Oxfordien . . .
	12. Callovien . . .
	11. Bathonien . . .
	10. Bajocien . . .
	9. Toarcien . . .
	8. Liasien . . .
	7. Sinémurien . . .
TRIASIQUES . .	6. Saliférien . . .
	5. Conchylien . . .
PALÉOZOIQUES.	4. Permien . . .
	3. Carboniférien . . .
	2. Devonien . . .
	1. Silurien. Supér. ou Murchisonien . . .
	1. Silurien. Inférieur ou Silurien . . .

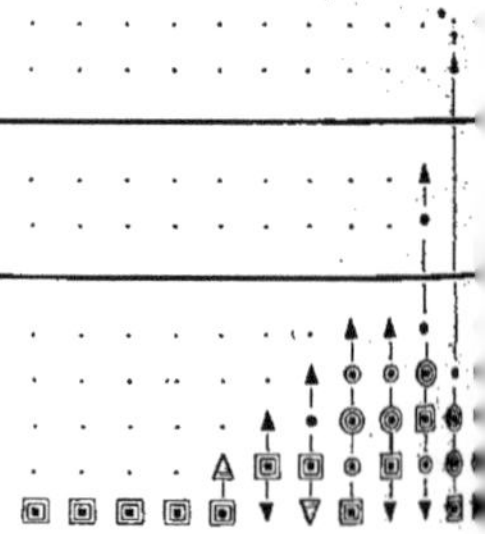

LÉGENDE

SIGNES

REPRÉSENTANT LES TERMES DE COMPARAISON.

▣	Maximum.	▲	Minimum.
◎ ▲	Voisin du Maximum.	▼	Première apparition.
⊙	Voisin du Minimum.	▲	Dernière apparition.

NOMS DES GENRES.

Obolus. Orthisina. Porambonites. Siphonotreta. Orbicella. Pentamerus. Strophomena. Orthis. Atrypa. Spirifer. Leptæna.

Tableau 9.

...ITITION

...UES ...ACHIOPODES A LA SURFACE DU GLOBE TERRESTRE

DE L'...LISATION JUSQU'A L'ÉPOQUE ACTUELLE.

Lingula.
Terebratula
Rhynchonella.
Orbiculoidea
Cyrthia.
Spirigera
Productus
Chonetes
Spirigerina.
Calceola
Strigocephalus.
Uncites.
Spiriferina.
Terebratella
Thecidea.
Terebratulina
Radiolites
Caprotina
Terebrirostra
Caprinella.
Caprina
Caprinula
Hipurites
Biradiolites
Magas
Fissurirostra
Megathiris.
Orbicula

Résumé du développement de formes génériques dans les étages et les terrains.......

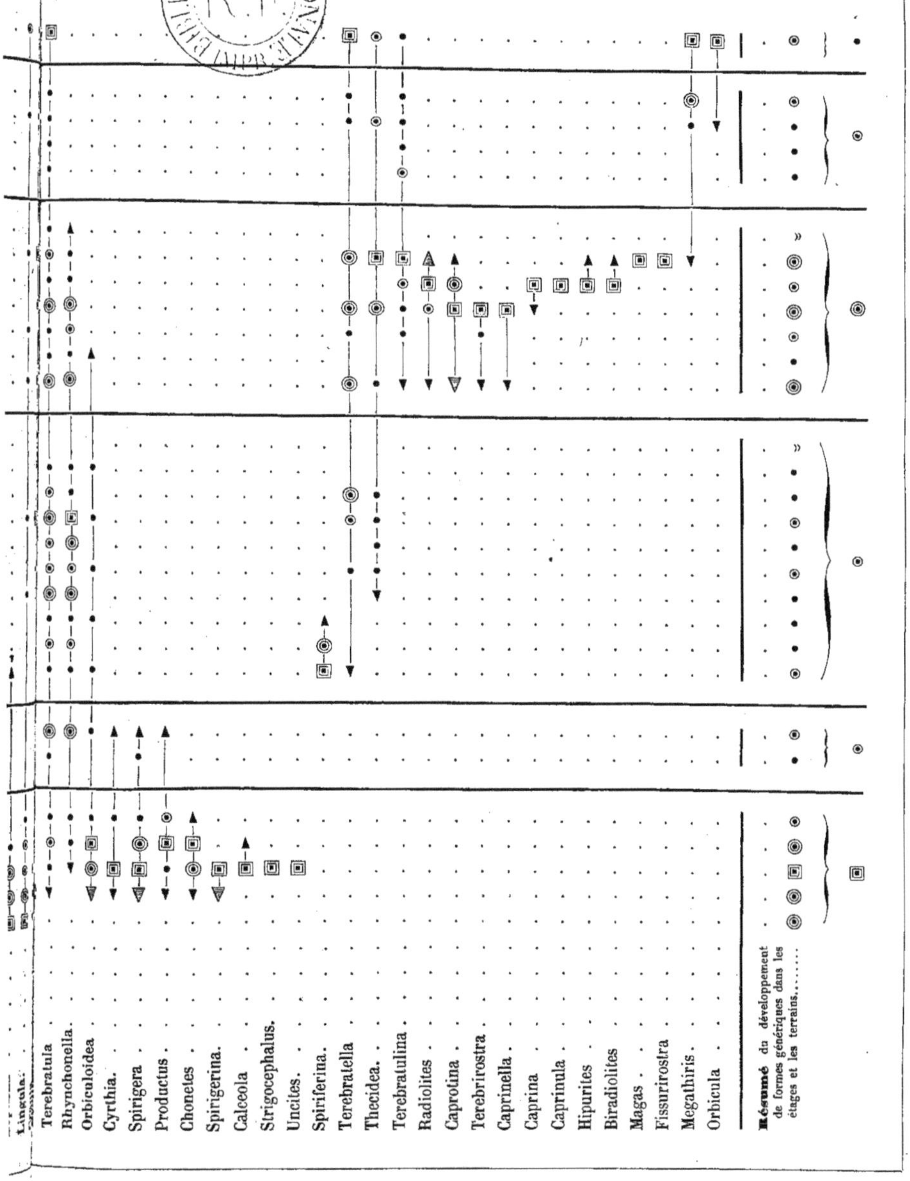

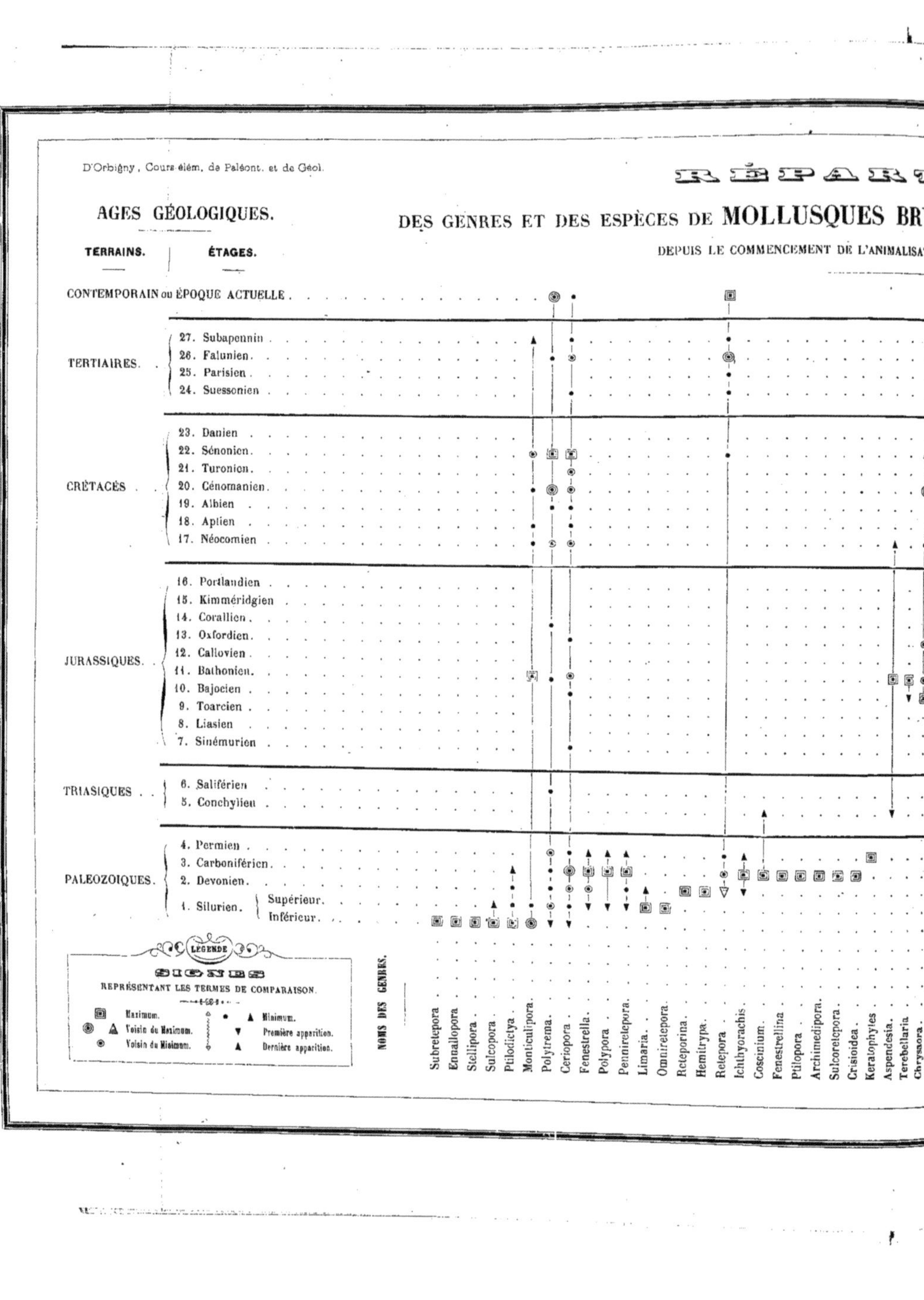
D'Orbigny, Cours élém. de Paléont. et de Géol.
RÉPART
DES GENRES ET DES ESPÈCES DE MOLLUSQUES BRY
DEPUIS LE COMMENCEMENT DE L'ANIMALISATIO
AGES GÉOLOGIQUES.
TERRAINS.
ÉTAGES.
CONTEMPORAIN ou ÉPOQUE ACTUELLE
TERTIAIRES.
27. Subapennin
26. Falunien
25. Parisien
24. Suessonien
CRÉTACÉS
23. Danien
22. Sénonien
21. Turonien
20. Cénomanien
19. Albien
18. Aptien
17. Néocomien
JURASSIQUES.
16. Portlandien
15. Kimméridgien
14. Corallien
13. Oxfordien
12. Callovien
11. Bathonien
10. Bajocien
9. Toarcien
8. Liasien
7. Sinémurien
TRIASIQUES
6. Saliférien
5. Conchylien
PALEOZOIQUES.
4. Permien
3. Carboniférien
2. Devonien
1. Silurien. Supérieur. Inférieur.
LÉGENDE
SIGNES
REPRÉSENTANT LES TERMES DE COMPARAISON.
Maximum.
Voisin du Maximum.
Voisin du Minimum.
Minimum.
Première apparition.
Dernière apparition.
NOMS DES GENRES.
Subretepora
Ennallopora
Stellipora
Sulcopora
Ptilodictya
Monticulipora
Polytrema
Ceriopora
Fenestrella
Polypora
Pennireteporа
Limaria
Omniretepora
Reteporina
Hemitrypa
Retepora
Ichthyorachis
Coscinium
Fenestrellina
Ptilopora
Archimedipora
Sulcoretepora
Crisioidea
Keratophytes
Aspendesia
Terebellaria
Chrysaora
Bidiastopora

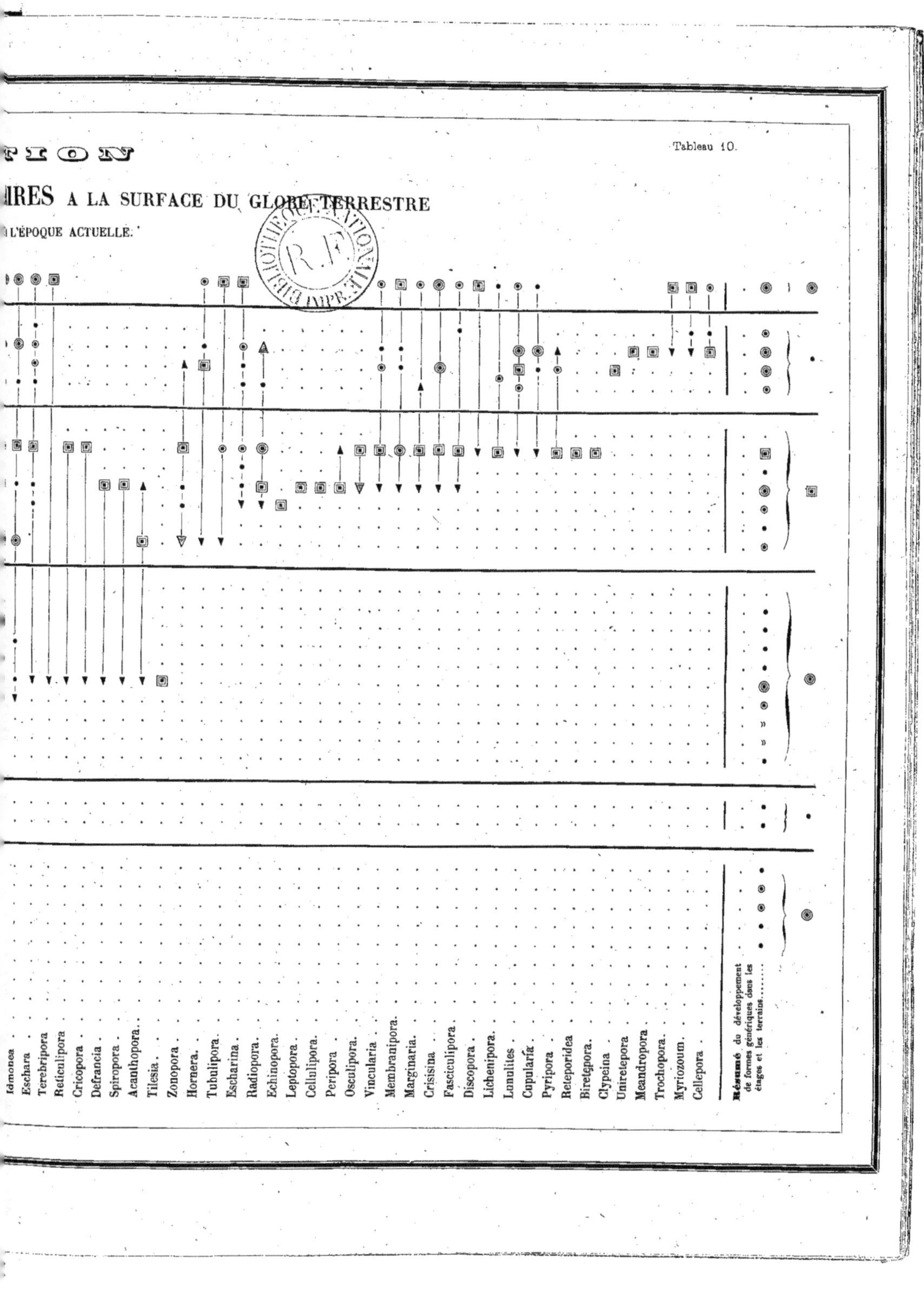

Tableau 10.
TION
IRES A LA SURFACE DU GLOBE TERRESTRE
L'ÉPOQUE ACTUELLE.
Idmonea
Eschara
Terebripora
Reticulipora
Cricopora
Defrancia
Spiropora
Acanthopora
Tilesia
Zonopora
Hornera
Tubulipora
Escharina
Radiopora
Echinopora
Leptopora
Cellulipora
Peripora
Osculipora
Vincularia
Membranipora
Marginaria
Crisisina
Fasciculipora
Discopora
Lichenipora
Lunulites
Cupularia
Pyripora
Reteporidea
Biretepora
Clypeina
Uniretepora
Meandropora
Trochopora
Myriozoum
Cellepora
Résumé du développement de formes génériques dans les étages et les terrains

D'Orbigny, Cours élém. de Paleont. et de Géol.

AGES GÉOLOGIQUES.

DES GENRES ET DES ESPÈCES D'ÉCHINO

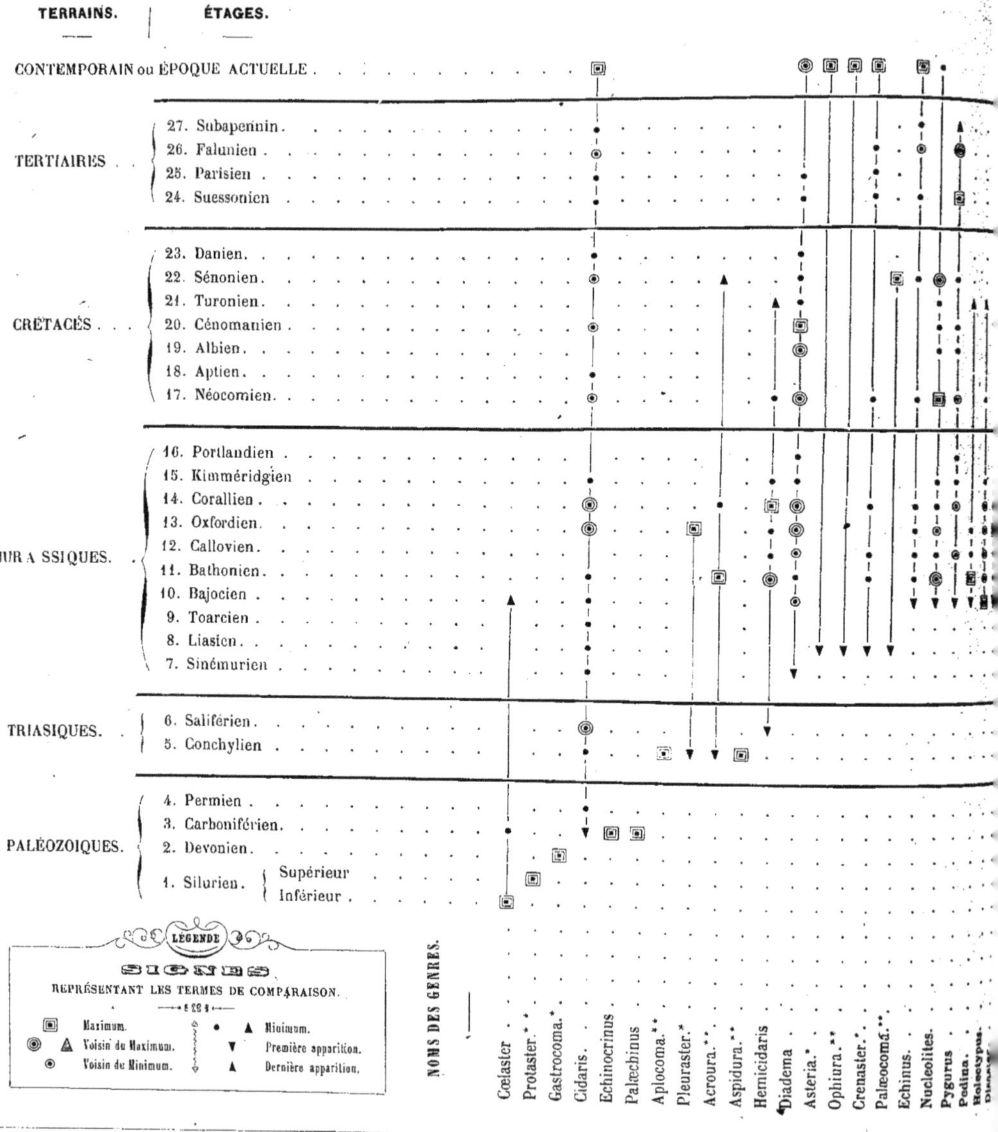

TERRAINS.	ÉTAGES.
CONTEMPORAIN ou ÉPOQUE ACTUELLE	
TERTIAIRES	27. Subapennin.
	26. Falunien.
	25. Parisien.
	24. Suessonien.
CRÉTACÉS	23. Danien.
	22. Sénonien.
	21. Turonien.
	20. Cénomanien.
	19. Albien.
	18. Aptien.
	17. Néocomien.
JURASSIQUES.	16. Portlandien.
	15. Kimméridgien.
	14. Corallien.
	13. Oxfordien.
	12. Callovien.
	11. Bathonien.
	10. Bajocien.
	9. Toarcien.
	8. Liasien.
	7. Sinémurien.
TRIASIQUES.	6. Saliférien.
	5. Conchylien.
PALÉOZOIQUES.	4. Permien.
	3. Carboniférien.
	2. Devonien.
	1. Silurien. Supérieur
	Inférieur

LÉGENDE

SIGNES

REPRÉSENTANT LES TERMES DE COMPARAISON.

▣ Maximum.	● ▲ Minimum.
◎ △ Voisin du Maximum.	▼ Première apparition.
⊙ Voisin du Minimum.	▲ Dernière apparition.

NOMS DES GENRES.

Cœlaster. Protaster.** Gastrocoma.* Cidaris. Echinocrinus. Palæchinus. Aplocoma.** Pleuraster.* Acroura.** Aspidura.** Hemicidaris. Diadema. Asteria.* Ophiura.** Crenaster.* Paleocoma.** Echinus. Nucleolites. Pygurus. Pedina. Holectypus.

RÉPARTITION

[...]MES, ÉCHINOÏDES, ASTÉROÏDES ET OPHIUROIDES A LA SURFACE DU GLOBE TERRESTRE

DEPUIS LE COMMENCEMENT DE L'ANIMALISATION JUSQU'A L'ÉPOQUE ACTUELLE.

Disaster.
[illegible]
Hyboclypus
Acrocidaris.
Polycyphus.
Pygastes
Ophiurella.**.
Geocoma.**.
Pentetagonaster*.
Heliocidaris
Glypticus
Eucosmus.
Acropeltis.
Toxaster
Peltaster
Holaster
Pygaulus
Goniopygus
Salenia.
Pyrina.
Arbacia.
Hemiaster.
Micraster
Catopygus.
Galerites
Discoidea
Hemidiadema.
Codiopsis
Goniophorus
Archiacia
Caratomus.
Cyphosoma
Hemipneustes.
Ananchytes.
Nucleopygus
Ophicoma.**
Conoclypus.
Cassidulus.
Fibularia
Echinocyamus.
Comptonia.*
Echinolampas.
Schizaster.
Brisopsis
Brissus.
Amphidetus
Eupatagus.
Spatangus.
Salinacis
Macropneustes.
Pygorhynchus.
Cœlopleurus
Amblipygus
Gualtieria
Lenita
Scutellina
Echinopsis.
Echinorachnius
Laganum
Lobophora.
Clypeaster.
Temnopleurus.
Tripneustes
Runa
Scutella

Résumé du développement de formes génériques dans les étages et les terrains.......

Tableau 11.

D'Orbigny, Cours élém. de Paléont. et de Géol.

RÉPA[RTITION]

DES GENRES ET DES ESPÈCES D'ÉCHINODER[MES]

DEPUIS LE COMMENCEMENT DE L'A[NIMALISATION]

AGES GÉOLOGIQUES.

TERRAINS.	ÉTAGES.
CONTEMPORAIN ou ÉPOQUE ACTUELLE	
TERTIAIRES.	27. Subapennin
	26. Falunien.
	25. Parisien.
	24. Suessonien
CRÉTACÉS.	23. Danien
	22. Sénonien.
	21. Turonien.
	20. Cénomanien.
	19. Albien
	18. Aptien
	17. Néocomien
JURASSIQUES.	16. Portlandien
	15. Kimméridgien
	14. Corallien.
	13. Oxfordien.
	12. Callovien.
	11. Bathonien.
	10. Bajocien.
	9. Toarcien.
	8. Liasien
	7. Sinémurien
TRIASIQUES.	6. Saliférien.
	5. Conchylien
PALÉOZOIQUES.	4. Permien.
	3. Carboniférien.
	2. Devonien.
	1. Silurien. Supérieur.
	1. Silurien. Inférieur.

LÉGENDE

SIGNES

REPRÉSENTANT LES TERMES DE COMPARAISON.

Maximum.	Minimum.
Voisin du Maximum.	Première apparition.
Voisin du Minimum.	Dernière apparition.

NOMS DES GENRES.

Echinoencrinus. Caryocistites. Hemicosmites. Cryptocrinus. Heterocrinus. Cupulocrinus. Tentaculites. Scyphocrinus. Glyptocrinus. Poteriocrinus. Cyathocrinus. Abrocrinus. Dimerocrinus. Rhodocrinus. Melocrinus. Enallocrinus. Caryocrinus. Ichthyocrinus. Geocrinus. Eucalyptocrinus. Calliocrinus. Pentremitidea.

Tableau 12.

…RTITION

…ES CRINOÏDES A LA SURFACE DU GLOBE TERRESTRE

…ALISATION JUSQU'A L'ÉPOQUE ACTUELLE.

…
Cupressocrinus.
Triacrinus.
Ctenocrinus.
Asterocrinus
Aplocrinus.
Pentremites.
Amblacrinus
Platycrinus
Gilbertsocrinus
Dimorphicrinus
Actinocrinus
Dichocrinus
Symbathocrinus
Atocrinus
Edwardsocrinus
Taxocrinus
Encrinus
Pentacrinus
Cyclocrinus.
Comatula*.
Apiocrinus.
Millericrinus
Eugeniacrinus.
Comatulina*
Tetracrinus.
Pterocoma*
Isocrinus
Saccocoma*.
Guettardicrinus
Hemicrinus
Phyllocrinus
Decameros*
Leiocrinus.
Marsupites*
Bourgueticrinus
Conocrinus.
Holopus.

Résumé du développement de formes génériques dans les étages et les terrains……

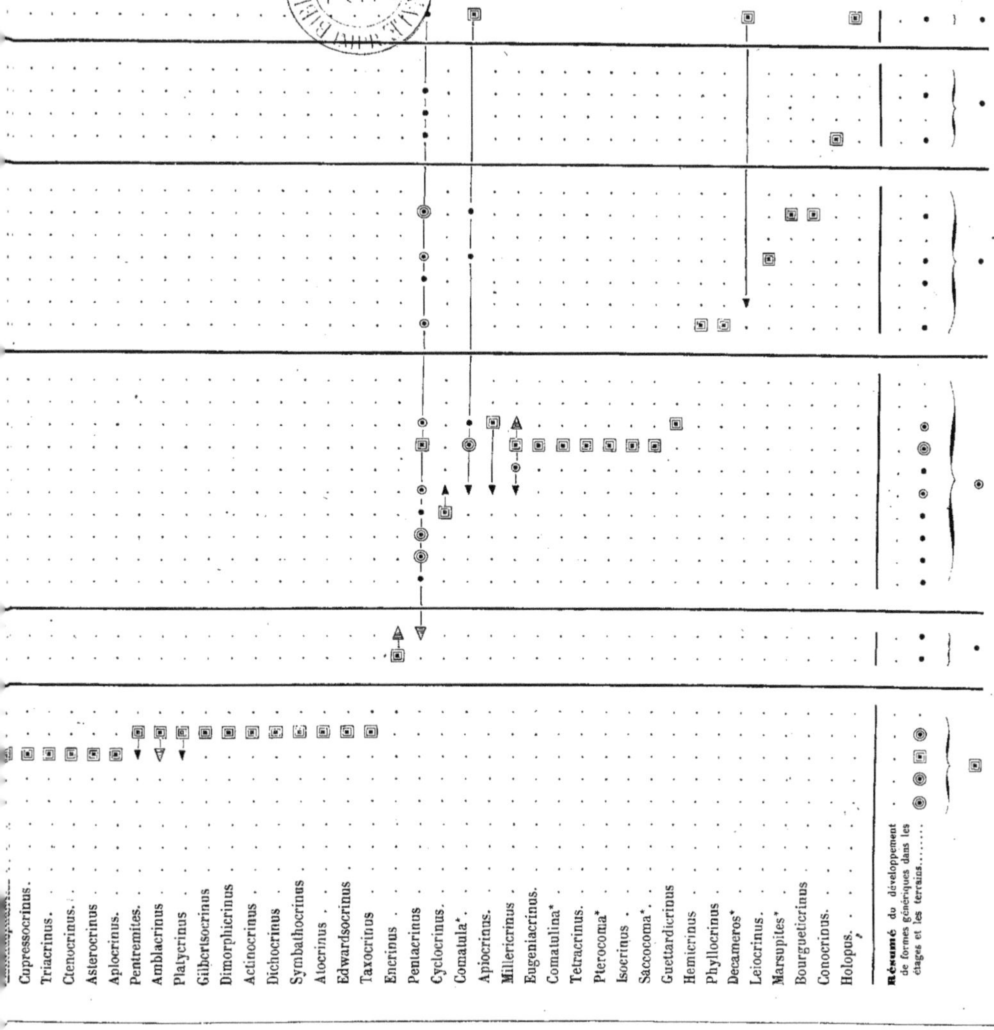

D'Orbigny, Cours élém. de Paléont. et de Géol.

RÉPAR[...]

DES GENRES ET DES ESPÈCES DE ZOOPHY[...]

DEPUIS LE COMMENCEMENT DE L'ANIMAL[...]

AGES GÉOLOGIQUES.

TERRAINS.	ÉTAGES.
CONTEMPORAIN ou ÉPOQUE ACTUELLE.	
TERTIAIRES.	27. Subapennin
	26. Falunien
	25. Parisien
	24. Suessonien
CRÉTACÉS.	23. Danien
	22. Sénonien
	21. Turonien
	20. Cénomanien
	19. Albien
	18. Aptien
	17. Néocomien
JURASSIQUES.	16. Portlandien
	15. Kimméridgien
	14. Corallien
	13. Oxfordien
	12. Callovien
	11. Bathonien
	10. Bajocien
	9. Toarcien
	8. Liasien
	7. Sinémurien
TRIASIQUES.	6. Saliférien
	5. Conchylien
PALÉOZOÏQUES.	4. Permien
	3. Carboniférien
	2. Devonien
	1. Silurien { Supérieur. / Inférieur.

LÉGENDE.

SIGNES REPRÉSENTANT LES TERMES DE COMPARAISON.

⊠ Maximum. ⊛ △ Voisin du Maximum. ⊛ Voisin du Minimum. • ▲ Minimum. ▼ Première apparition. ▲ Dernière apparition.

NOMS DES GENRES.

Favistella. Columnaria. Lonsdalia. Streptolasma. Discophyllum. Plasmopora. Aulopora. Favosites. Cyathophyllum. Lithostrotion. Favastrea. Actinocyathus. Alveolites. Diphyphyllum. Harmodites. Cyathaxonia. Ellipsocyathus. Cystiphyllum. Heliolites. Halicites. Propora. Thecia. Blumenbachium. Dendropora. Thecostegites. Phillipsastrea. Cyathopsis. Strombodes. Amplexus. Caninia. Michelinia. Chetetes. Fistulopora. Rhabdopora. Syphonophyllia. Acrocyathus. Lasmocyathus. Stenopora. Prionastrea. Oulophyllia. Synastrea. Lasmophyllia. Calamophyllia. Centrastrea. Acrosmilia. Montlivaltia. Eunomya. Thecophyllia. Conophyllia. Convexastrea. Oulocœnia. Stephanocœnia. Anabacia. Axosmilia. Thecocyathus. Discocyathus. Dendrocœnia. Stylina. Thecosmilia. Lasmosmilia. Aplocyathus. Clausastrea. Agaricia. Oculina. Meandrina. Enallhelia. Cryptocœnia. Confusastrea. Microsolena. Gonabacia. Dactylocœnia. Dendrastrea. Placophyllia. Actinarœa. Latusastrea. Tremocœnia. Amblophyllia. Astrocœnia. Parastrea. Latomeandra. Ellipsosmilia. Polyphyllastrea. Enallocœnia. Pachygyra. Microphyllia. Stylosmilia. Aplophyllia. Adelocœnia. Conocœnia. Dactyliastrea. Thamnastrea. Dendrarœa. Dactylarœa. Axophyllia. Aplosmilia. Stylogyra. Meandrophyllia. Decacœnia. Comophyllia.

TION

LA SURFACE DU GLOBE TERRESTRE

JUSQU'A L'ÉPOQUE ACTUELLE.

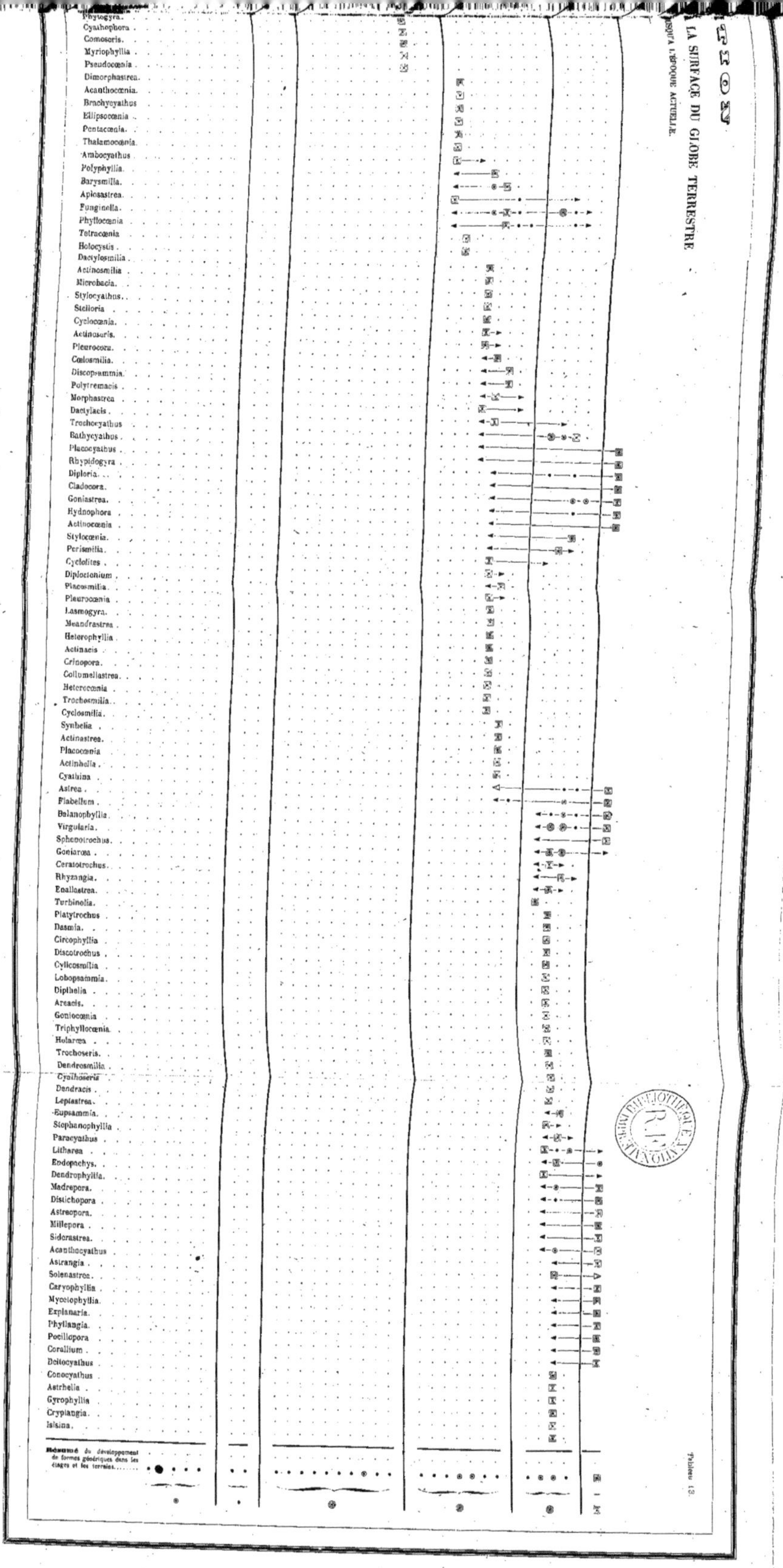

Phytogyra.
Cyathophora.
Comoseris.
Myriophyllia.
Pseudocœnia.
Dimorphastrea.
Acanthocœnia.
Brachycyathus.
Ellipsocœnia.
Pentacœnia.
Thalamocœnia.
Ambocyathus.
Polyphyllia.
Barysmilia.
Aplosastrea.
Funginella.
Phyllocœnia.
Tetracœnia.
Holocystis.
Dactylosmilia.
Actinosmilia.
Microbacia.
Stylocyathus.
Stelloria.
Cyclocœnia.
Actinoseris.
Pleurocora.
Cœlosmilia.
Discopsammia.
Polytremacis.
Morphastrea.
Dactylacis.
Trochocyathus.
Bathycyathus.
Placocyathus.
Rhypidogyra.
Diploria.
Cladocora.
Goniastrea.
Hydnophora.
Actinocœnia.
Stylocœnia.
Perismilia.
Cyclolites.
Diploctenium.
Placosmilia.
Pleurocœnia.
Lasmogyra.
Meandrastrea.
Heterophyllia.
Actinacis.
Crinopora.
Collumellastrea.
Heterocœnia.
Trochosmilia.
Cyclosmilia.
Synhelia.
Actinastrea.
Placocœnia.
Actinhelia.
Cyathina.
Astrea.
Flabellum.
Balanophyllia.
Virgularia.
Sphenotrochus.
Goniarœa.
Ceratotrochus.
Rhyzangia.
Enallastrea.
Turbinolia.
Platytrochus.
Dasmia.
Circophyllia.
Discotrochus.
Cylicosmilia.
Lobopsammia.
Diphelia.
Areacis.
Goniocœnia.
Triphyllocœnia.
Holarœa.
Trochoseris.
Dendrosmilia.
Cyathoseris.
Dendracis.
Leptastrea.
Eupsammia.
Stephanophyllia.
Paracyathus.
Litharea.
Endopachys.
Dendrophyllia.
Madrepora.
Distichopora.
Astreopora.
Millepora.
Siderastrea.
Acanthocyathus.
Astrangia.
Solenastrea.
Caryophyllia.
Mycetophyllia.
Explanaria.
Phyllangia.
Pocillopora.
Corallium.
Deltocyathus.
Conocyathus.
Astrhelia.
Gyrophyllia.
Cryptangia.
Isisina.

Résumé du développement de formes génériques dans les étages et les terrains.

Tableau 13.

D'Orbigny, Cours élém. de Paléont. et de Géol.

RÉPARTITI[ON]

DES GENRES ET DES ESPÈCES DE FORAMINIFÈRES A LA S[URFACE DU GLOBE]

DEPUIS LE COMMENCEMENT DE L'ANIMALISATION JUSQU'A L'ÉPO[QUE ACTUELLE]

AGES GÉOLOGIQUES.

TERRAINS.	ÉTAGES.
CONTEMPORAIN ou ÉPOQUE ACTUELLE.	
TERTIAIRES	27. Subapennin.
	26. Falunien.
	25. Parisien.
	24. Suessonien.
CRÉTACÉS	23. Danien.
	22. Sénonien.
	21. Turonien.
	20. Cénomanien.
	19. Albien.
	18. Aptien.
	17. Néocomien.
JURASSIQUES.	16. Portlandien.
	15. Kimméridgien.
	14. Corallien.
	13. Oxfordien.
	12. Callovien.
	11. Bathonien.
	10. Bajocien.
	9. Toarcien.
	8. Liasien.
	7. Sinémurien.
TRIASIQUES.	6. Saliférien.
	5. Conchylien.
PALÉOZOIQUES.	4. Permien.
	3. Carboniférien.
	2. Devonien.
	1. Silurien. Supérieur.
	1. Silurien. Inférieur.

NOMS DES GENRES.

Fusulina. Cristellaria. Marginulina. Rotalia. Nodosaria. Dentalina. Frondicularia. Vaginulina. Webbina. Conodictyum. Goniolina. Operculina. Textularia. Lituola. Placopsilina. Quinqueloculina. Orbitolina. Flabellina. Cyclolina. Chrysalidina. Cuneolina. Alveolina. Bulimina. Polymorphina. Biloculina. Triloculina. Conulina. Siderolina. Verneuilina. Gaudryna. Faujasina. Orbitoides. Globigerina. Truncatulina. Rosalina. Valvulina. Uvigerina.

LÉGENDE

SIGNES REPRÉSENTANT LES TERMES DE COMPARAISON.

▣ Maximum.	● ▲ Minimum.
◉ △ Voisin du Maximum.	▼ Première apparition.
⊙ Voisin du Minimum.	▲ Dernière apparition.

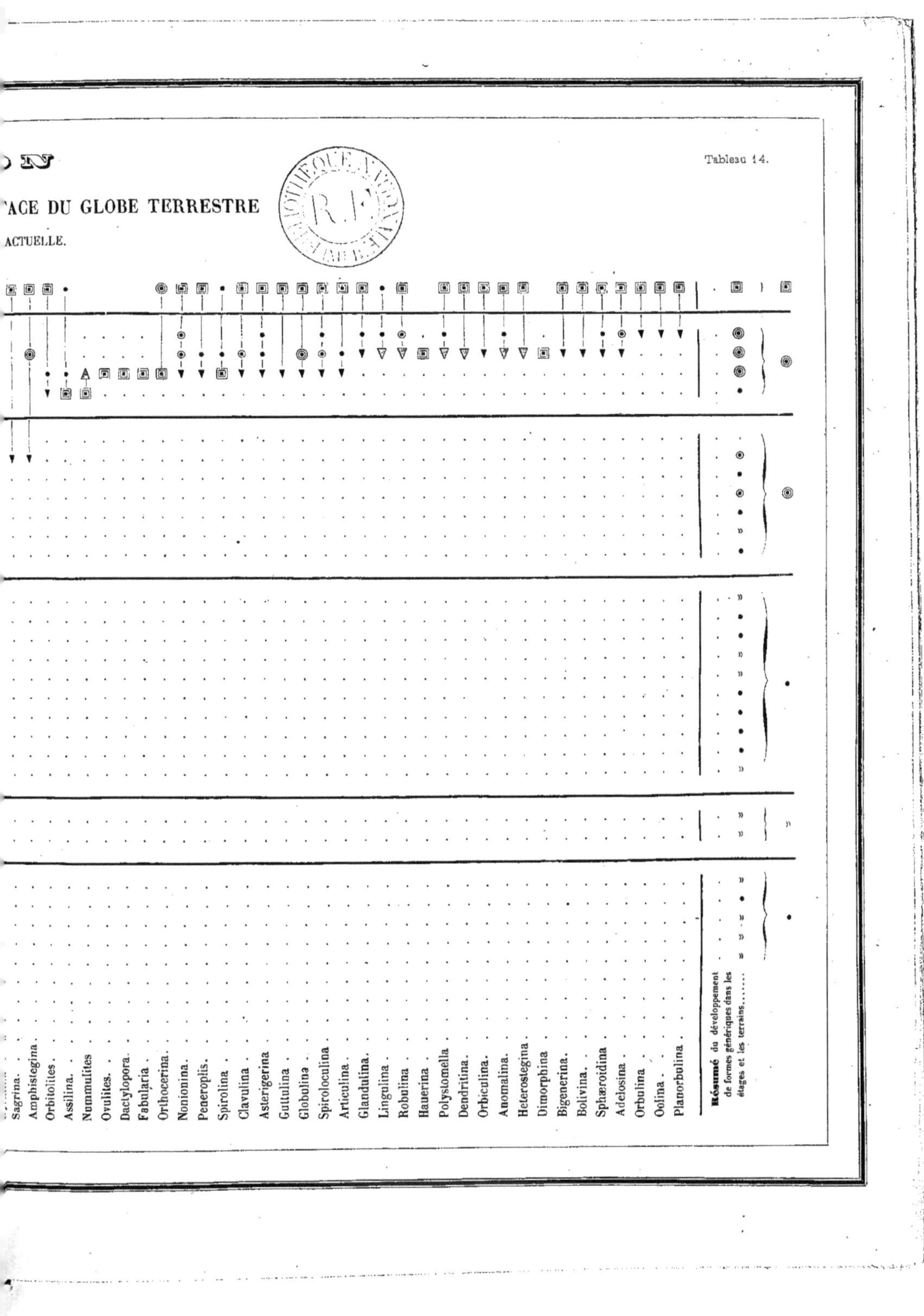
Tableau 14.
ACE DU GLOBE TERRESTRE
ACTUELLE.
Sagrina.
Amphistegina.
Orbitolites.
Assilina.
Nummulites.
Ovulites.
Dactylopora.
Fabularia.
Orthocerina.
Nonionina.
Peneroplis.
Spirolina.
Clavulina.
Asterigerina.
Guttulina.
Globulina.
Spiroloculina.
Articulina.
Glandulina.
Lingulina.
Robulina.
Hauerina.
Polystomella.
Dendritina.
Orbiculina.
Anomalina.
Heterostegina.
Dimorphina.
Bigenerina.
Bolivina.
Sphæroidina.
Adelosina.
Orbulina.
Oolina.
Planorbulina.
Résumé du développement de formes génériques dans les étages et les terrains.

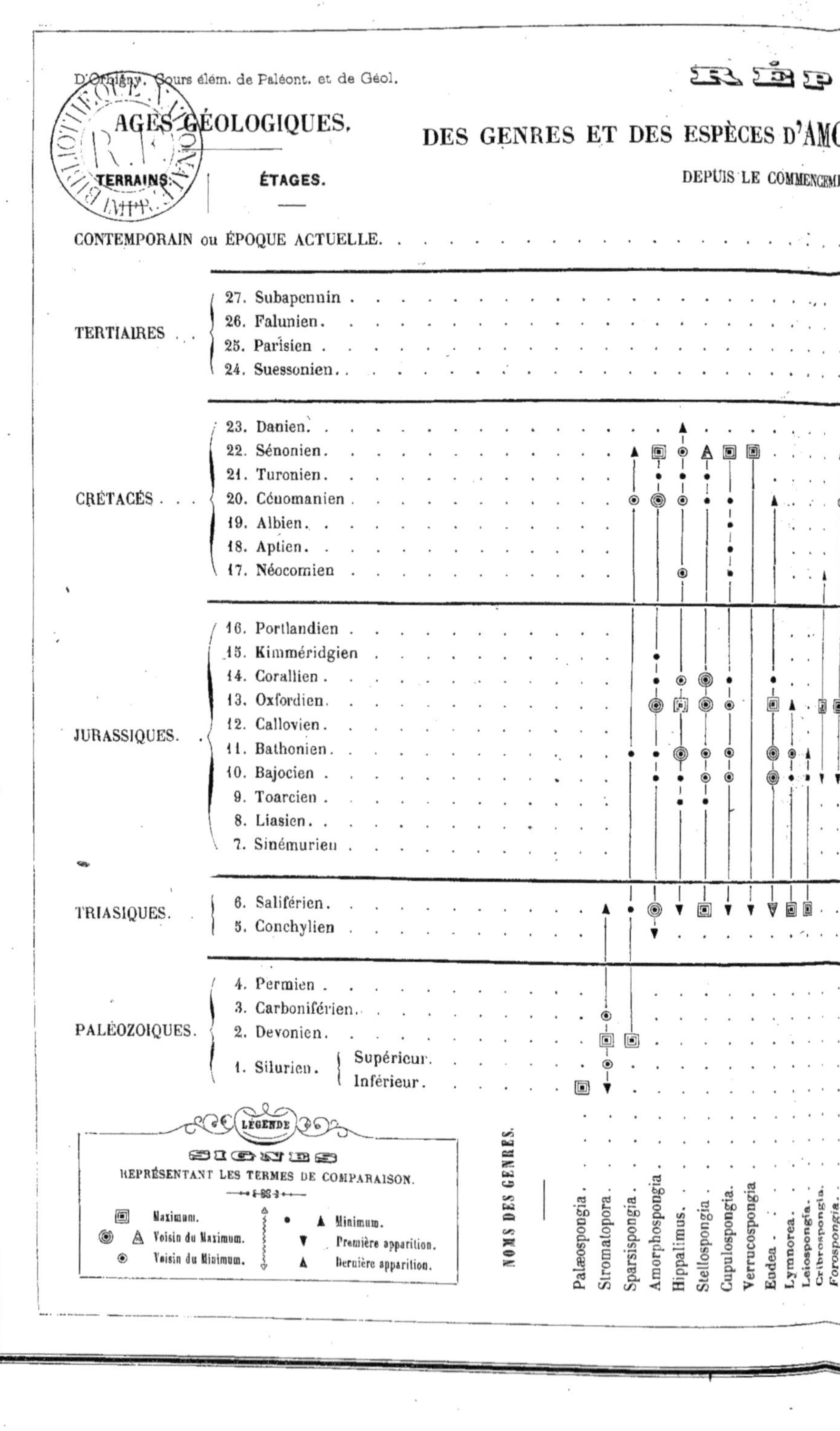
D'Orbigny. Cours élém. de Paléont. et de Géol.
RÉP
DES GENRES ET DES ESPÈCES D'AMO
DEPUIS LE COMMENCEME
AGES GÉOLOGIQUES.
TERRAINS.
ÉTAGES.
CONTEMPORAIN ou ÉPOQUE ACTUELLE.
TERTIAIRES
27. Subapennin
26. Falunien.
25. Parisien
24. Suessonien.
CRÉTACÉS
23. Danien.
22. Sénonien.
21. Turonien.
20. Cénomanien
19. Albien.
18. Aptien.
17. Néocomien
JURASSIQUES.
16. Portlandien
15. Kimméridgien
14. Corallien.
13. Oxfordien.
12. Callovien.
11. Bathonien.
10. Bajocien
9. Toarcien
8. Liasien.
7. Sinémurien
TRIASIQUES.
6. Saliférien.
5. Conchylien
PALÉOZOIQUES.
4. Permien
3. Carboniférien.
2. Devonien.
1. Silurien.
Supérieur.
Inférieur.
LÉGENDE
SIGNES
REPRÉSENTANT LES TERMES DE COMPARAISON.
Maximum.
Voisin du Maximum.
Voisin du Minimum.
Minimum.
Première apparition.
Dernière apparition.
NOMS DES GENRES.
Palæospongia.
Stromatopora.
Sparsispongia.
Amorphospongia.
Hippalimus.
Stellospongia.
Cupulospongia.
Verrucospongia
Eudea.
Lymnorea.
Leiospongia.
Cribrospongia.
Forospongia.

Tableau 15.

[...]PARTITION

[...]AMORPHOZOAIRES A LA SURFACE DU GLOBE TERRESTRE

[...]ENCEMENT DE L'ANIMALISATION JUSQU'A L'ÉPOQUE ACTUELLE.

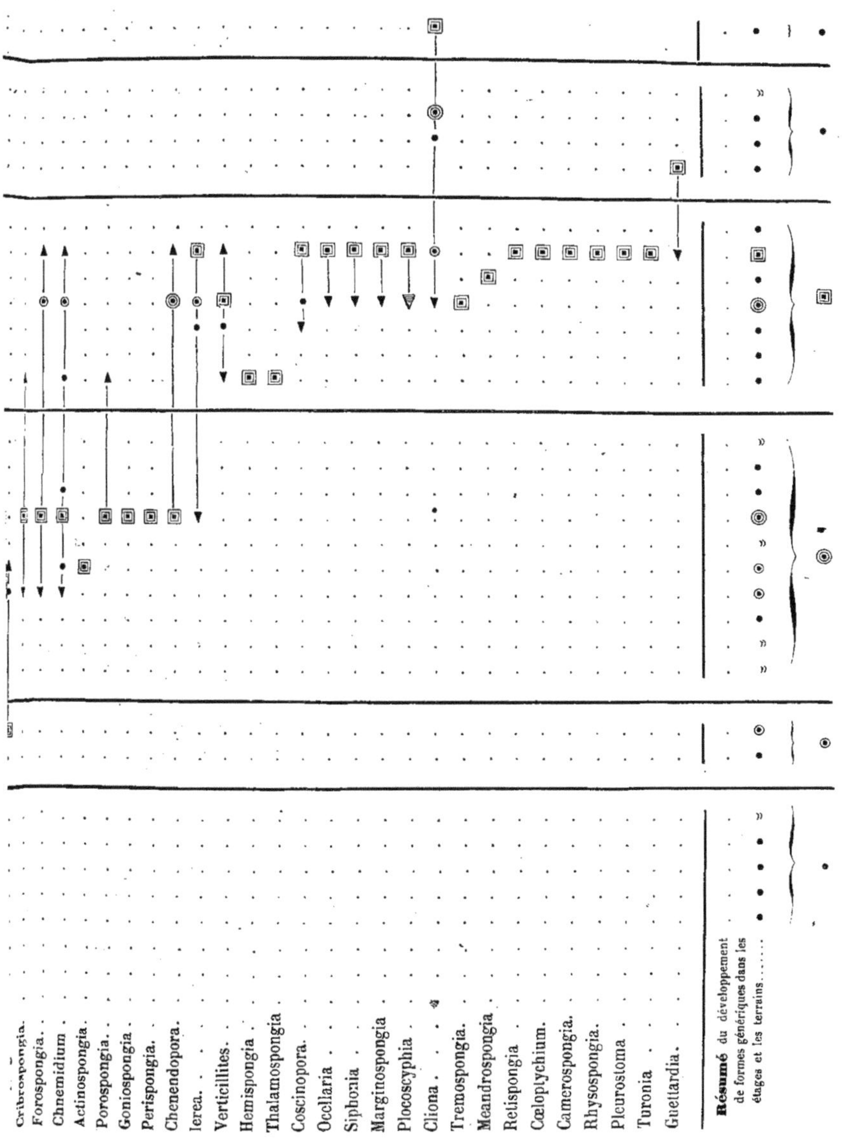

Cribrospongia.
Forospongia.
Chnemidium.
Actinospongia.
Porospongia.
Goniospongia.
Perispongia.
Chenendopora.
Ierea.
Verticillites.
Hemispongia.
Thalamospongia.
Coscinopora.
Ocellaria.
Siphonia.
Marginospongia.
Plocoscyphia.
Cliona.
Tremospongia.
Meandrospongia.
Retispongia.
Cœloptychium.
Camerospongia.
Rhysospongia.
Pleurostoma.
Turonia.
Guettardia.

Résumé du développement de formes génériques dans les étages et les terrains.

DES ORDRES ET DES (

DEPUIS LE

AGES GÉOLOGIQUES.

TERRAINS.	ÉTAGES.
CONTEMPORAIN ou ÉPOQUE ACTUELLE.	
TERTIAIRES.	27. Subapennin
	26. Falunien.
	25. Parisien.
	24. Suessonien.
CRÉTACÉS.	23. Danien
	22. Sénonien.
	21. Turonien.
	20. Cénomanien.
	19. Albien
	18. Aptien
	17. Néocomien.
JURASSIQUES.	16. Portlandien
	15. Kimméridgien
	14. Corallien.
	13. Oxfordien.
	12. Callovien.
	11. Bathonien
	10. Bajocien.
	9. Toarcien
	8. Liasien
	7. Sinémurien.
TRIASIQUES.	6. Saliférien.
	5. Conchylien
PALÉOZOIQUES.	4. Permien
	3. Carboniférien.
	2. Devonien.
	1. Silurien. Supér. ou Murchisonien.
	Inférieur ou Silurien.

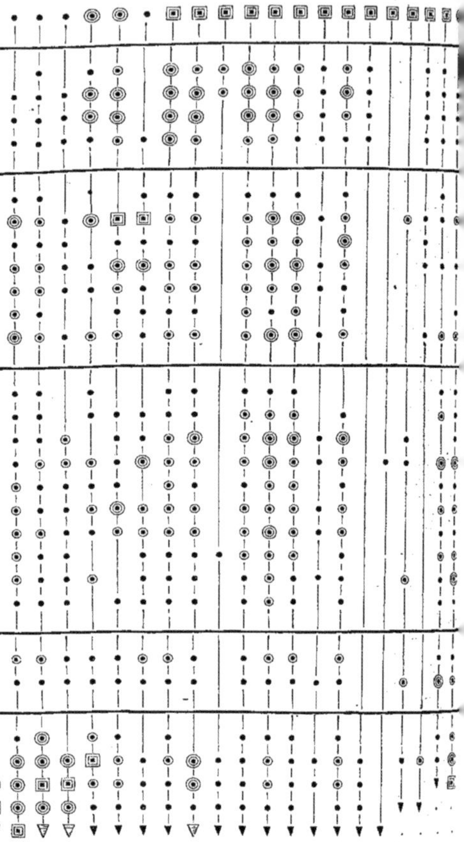

NOMS DES ORDRES.

Crustacés trilobites. Céphalopodes tentaculif. Brachiopodes brachidés. Crinoïdes fixes. Poissons placoïdes. Mollusques bryozoaires. Amorphozoaires testacés. Gastérop. pectinibranch. Gastéropodes scutibranch. Mollusques ptéropodes. Lamellibr. sinupalléales. Lamellibr. intégropalléal. Lamellibr. pleuroconques. Échinodermes astéroïdes. Polypiers zoantaires. Polypiers alcyonaires. Annélides dorsibranches. Échinodermes ophiuroïdes. Crustacés cyproïdes. Reptiles sauriens. Poissons ganoïdes.

LÉGENDE

SIGNES

REPRÉSENTANT LES TERMES DE COMPARAISON.

▣	Maximum.	▲	Minimum.
◎ ▲	Voisin du Maximum.	▼	Première apparition.
⊙	Voisin du Minimum.	▲	Dernière apparition.

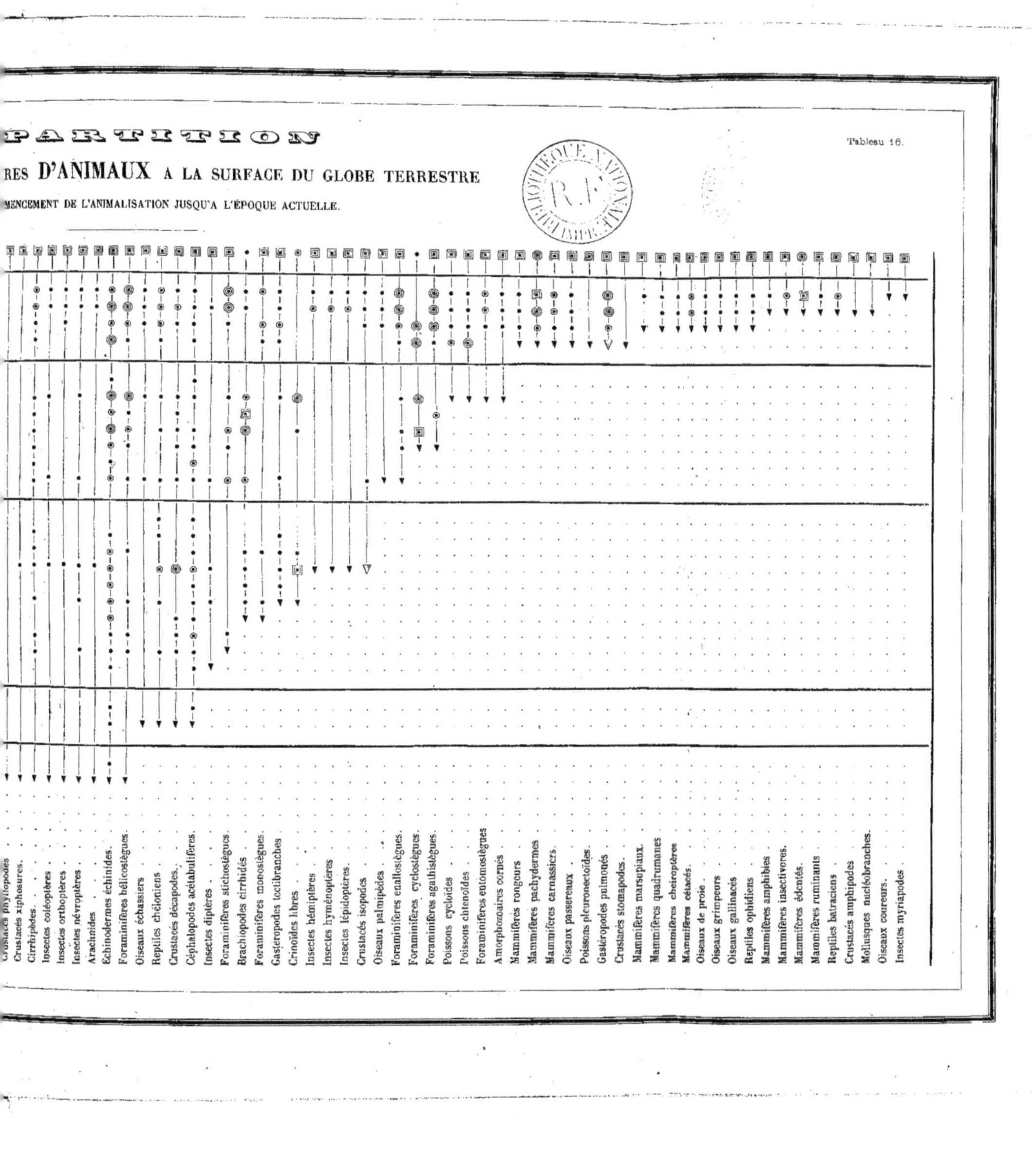
PARTITION
RES D'ANIMAUX A LA SURFACE DU GLOBE TERRESTRE
MENCEMENT DE L'ANIMALISATION JUSQU'A L'ÉPOQUE ACTUELLE.
Tableau 16.
phyllopodes
Crustacés xiphosures.
Cirrhipèdes.
Insectes coléoptères
Insectes orthoptères
Insectes névroptères
Arachnides
Echinodermes échinides.
Foraminifères hélicostègues.
Oiseaux échassiers
Reptiles chéloniens
Crustacés décapodes.
Céphalopodes acétabulifères.
Insectes diptères
Foraminifères stichostègues.
Brachiopodes cirrhidés
Foraminifères monostègues.
Gastéropodes tectibranches
Crinoïdes libres
Insectes hémiptères
Insectes hyménoptères
Insectes lépidoptères.
Crustacés isopodes
Oiseaux palmipèdes
Foraminifères enallostègues.
Foraminifères cyclostègues.
Foraminifères agathistègues.
Poissons cycloïdes
Poissons cténoïdes
Foraminifères entomostègues
Amorphozoaires cornés
Mammifères rongeurs
Mammifères pachydermes
Mammifères carnassiers.
Oiseaux passereaux
Poissons pleuronectoïdes.
Gastéropodes pulmonés
Crustacés stomapodes.
Mammifères marsupiaux.
Mammifères quadrumanes
Mammifères cheiroptères
Mammifères cétacés.
Oiseaux de proie.
Oiseaux grimpeurs
Oiseaux gallinacés
Reptiles ophidiens
Mammifères amphibies
Mammifères insectivores.
Mammifères édentés.
Mammifères ruminants
Reptiles batraciens
Crustacés amphipodes
Mollusques nucléobranches.
Oiseaux coureurs.
Insectes myriapodes.

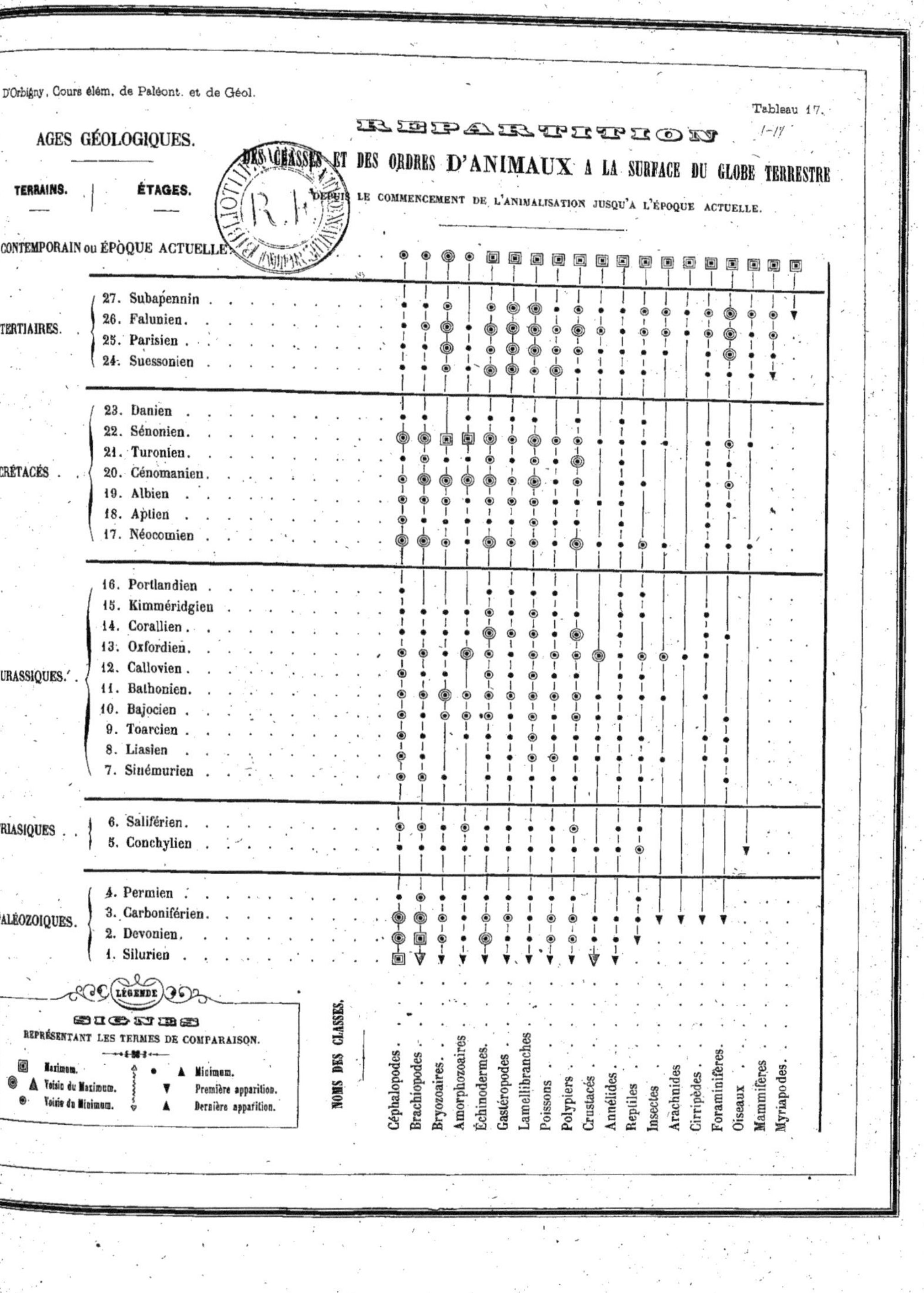

D'Orbigny, Cours élém. de Paléont. et de Géol.
Tableau 17.
RÉPARTITION
DES CLASSES ET DES ORDRES D'ANIMAUX A LA SURFACE DU GLOBE TERRESTRE
DEPUIS LE COMMENCEMENT DE L'ANIMALISATION JUSQU'A L'ÉPOQUE ACTUELLE.
AGES GÉOLOGIQUES.
TERRAINS.
ÉTAGES.
CONTEMPORAIN ou ÉPOQUE ACTUELLE.
TERTIAIRES.
27. Subapennin
26. Falunien.
25. Parisien.
24. Suessonien
CRÉTACÉS
23. Danien
22. Sénonien.
21. Turonien.
20. Cénomanien.
19. Albien
18. Aptien
17. Néocomien
JURASSIQUES.
16. Portlandien
15. Kimméridgien
14. Corallien.
13. Oxfordien.
12. Callovien.
11. Bathonien.
10. Bajocien
9. Toarcien
8. Liasien
7. Sinémurien
TRIASIQUES
6. Saliférien.
5. Conchylien
PALÉOZOIQUES.
4. Permien
3. Carboniférien.
2. Devonien.
1. Silurien
LÉGENDE
SIGNES
REPRÉSENTANT LES TERMES DE COMPARAISON.
Maximum.
Voisin du Maximum.
Voisin du Minimum.
Minimum.
Première apparition.
Dernière apparition.
NOMS DES CLASSES.
Céphalopodes.
Brachiopodes.
Bryozoaires.
Amorphozoaires
Échinodermes.
Gastéropodes
Lamellibranches
Poissons
Polypiers
Crustacés
Annélides
Reptiles
Insectes
Arachnides
Cirripèdes.
Foraminifères.
Oiseaux
Mammifères
Myriapodes.

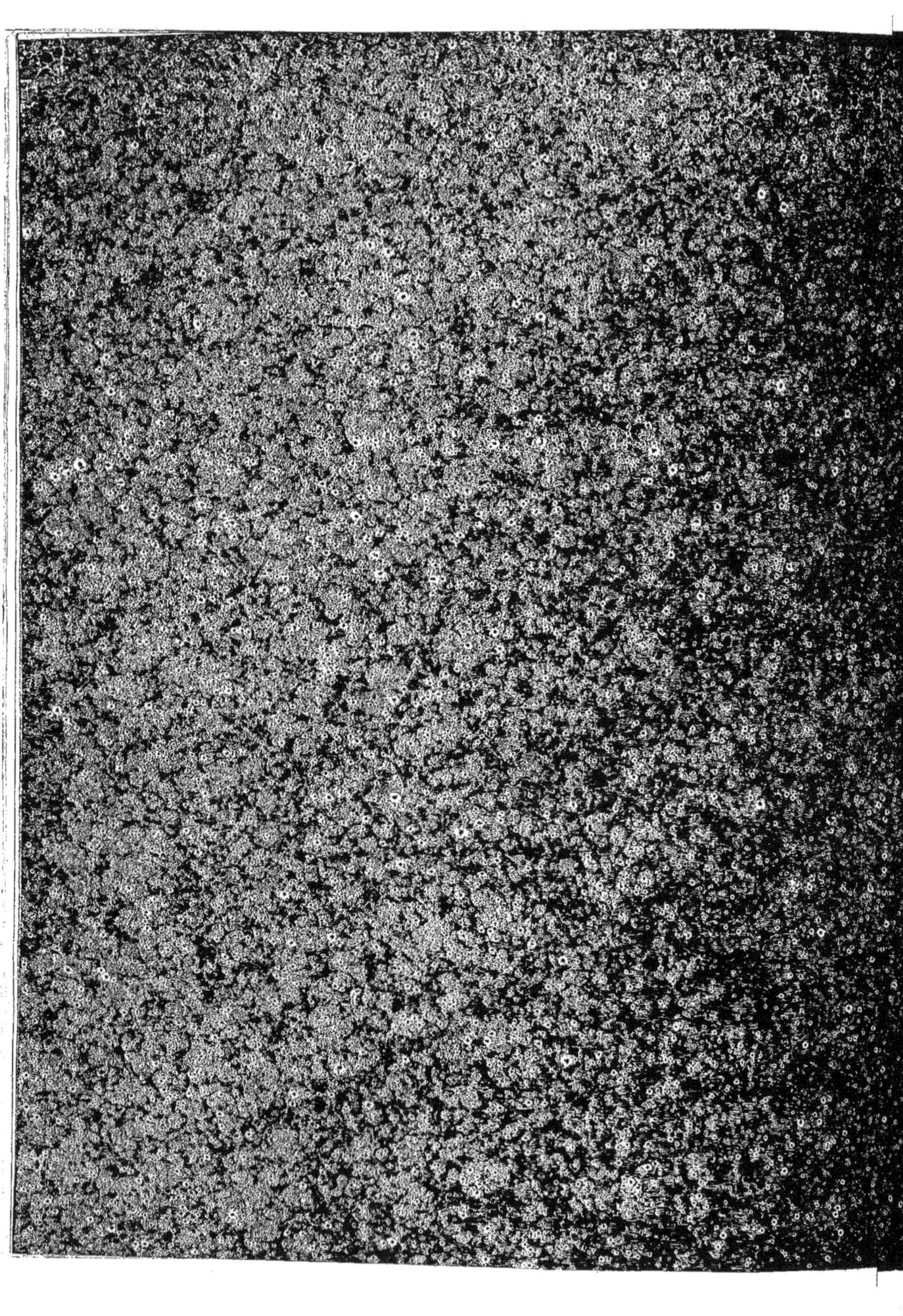

www.ingramcontent.com/pod-product-compliance
Ingram Content Group UK Ltd.
Pitfield, Milton Keynes, MK11 3LW, UK
UKHW022129190726
13855UKWH00003B/1078

9 782013 372862